触摸设计

TOUCH PANEL

ReTOUCH New PANEL **NO.1**

GROUP

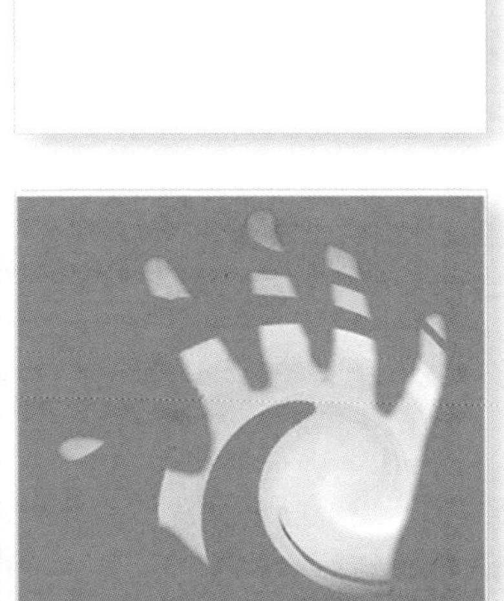

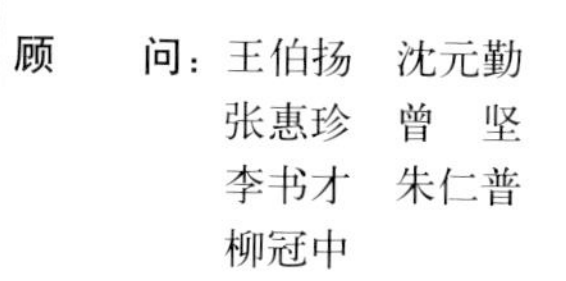

编辑部地址：北京百万庄三里河路9号
中国建筑工业出版社514室
编辑部电话：010-68319299
010-68393813
传真：010-68319299
电子信箱：hen@china-abp.com.cn

一本新杂志的诞生是一个信号，表达了智慧交流的渴望。它意味着专业人士之间的对话，读者之间的对话，甚至世界的对话。这也体现了作为新生事物对掌握全球思想的一种挑战。

对于读者来说，它意味着学习，学习中国文化的精髓。新杂志的诞生会对我所欣赏的中国传统文化作出贡献。

我的祝福

祝福新杂志的编辑们，并祝杂志在商业上也取得成功。祝福你们的同时，我也从中得到快乐。

K. Lehmann

克劳斯·雷曼教授

德国斯图加特国立艺术设计学院

2003年6月18日

The creation of a new magazine is a signal, indicating the wish for intellectual exchange. It means the dialogue with thc professional, the dialogue with the consumer and, internationally, the dialogue with the world. It indicates a new quality in the challenge to master globalisation.

For its readers it means learning. And learning central to Chinese culture. The creation of a new magazine wants to be a contribution to this tradition which I welcome.

My congratulations.

Best wishes for its editors and commercial success to the new magazine, for which I am happy to contribute.

Prof.Klaus Lehmann,

State Academy of Art and Design,

Stuttgart,

Germany

June 18, 2003

为设计喝彩

代发刊词

曾经看到美国关于残疾人的公共空间设计的报道，它包括无障碍公车、入口处宽度以及推门所需的力度，都需考虑残疾人的推动能力。并且在纽约有一本残疾人手册，其中详细记载大多数公共空间的无障碍设施资料，让残疾人在家就知道那些设施的使用方式。看到这里，心里很是感动，不由得肃然起敬，为这些设计师喝彩，他们通过自己的努力尊重了所有人的行为需要。在日本迪斯尼乐园看到的景色同样让我感动，很多残疾的孩子同健康孩子一起融入到这个快乐的童话王国里，整个乐园在设施设计上为这一景色提供了可能。在一个友善的环境中，即使有生理障碍的人依然可以自在地享用都市，享用行为的自由。当时看到他们的笑脸，感受到设计的意义和价值。

被自然的美包围着，被人性的美包围着。正是在这些美的滋养下，设计师承担着人与自然交流的桥梁作用，设计师通过努力，建立了〝诚信〞的观念，会让人们面对衣、食、住、行有更多的信心，尽管日常生活中我们可能会面对很多无奈，面对很多犯错误的可能，但好的设计，可以帮助我们减少错误的次数和严重性，同时改变了我们与物的关系使其变得更加亲密。

《触摸设计》没有宣言，也不会刻意地寻找世界之最。我们只是希望通过很平凡的案例和朴实的言语来阐述我们的观点，从建筑到室内、从工业设计到行为设计、从大环境到小环境，每一个角落都需要我们更多的关注设计，并尽可能使其走向完善。

设计，影响我们的生活，改变我们的生活方式。我们会关注一些大的课题——设计对国家的贡献，同时我们也会关注小的细节——构造的合理，我们会站在世界的角度，分享最新的设计动态。同时，会更多地关注我们自己的设计努力。渴望通过我们共同的努力，发现有一天无需再强调设计，因为我们生活在一个方便、干净、简洁的环境中，设计早以融入到我们的生活中，设计的刻意消失了，生活变得更简单和直接。

它很稚嫩，很需要精心栽培，我们希望它是一颗健康的种子，在各种〝养料〞的灌溉下，茁壮成长，伴随着中国的设计界共同走向成熟。

很感谢所有帮助我们，给我们建议的同仁、前辈，这块晴朗的天地是大家的。

看着它渐渐长大，一起努力吧！

朱立珊

目录 CONTENTS

芬兰设计简史

佩卡·克鲁文马(Pekka Korvenmaa)
译／蔡军

图1　服装设计：Snow Queen
设计：玛丽亚·苏南

1. 芬兰现代设计历史发展回顾

从现代史来看，芬兰在二战之后的设计可以大致分为三个阶段：即从战后到20世纪70年代初期，从20世纪70年代中期到20世纪90年代初期和此后至今的时期。第一个阶段可以被称为芬兰设计的黄金时期，这一时期不仅因为在芬兰中产阶级的家庭里，甚至在工人阶级的家庭中也由于家具、陶瓷、玻璃的高设计和标准化的生产而弥漫着一种现代气息。同时，芬兰设计通过出版物和赢得诸如米兰三年展等重要的国际竞赛而日益得到国际的认可。这一阶段与战后芬兰的重建和福利社会的兴起有着紧密的关系。在这里，芬兰设计的现代化是在这样几个层面展开的：社会和技术的现代化是与现代的审美意识相适应的；产业依靠设计和设计师作为竞争的有利因素，尤其是涉及到出口产业——当阿拉比亚、依塔拉和阿斯科等公司将现代设计作为市场的利器时，它更加证明了设计的成功。在这个阶段一些独立的设计师如塔皮欧·文卡拉(Tapio Wirkkala)、伊马里·塔皮奥瓦拉(Ilmari Tapiovaara)、凯·弗兰克(Kaj Franck)和逖莫·萨帕纳瓦(Timo Sarpaneva)等人也成为国家的英雄和公众的中心人物。他们的盛名显现了高设计的氛围，同时他们以设计为主导的产品系列也给企业带来了巨大的产量(图1)。

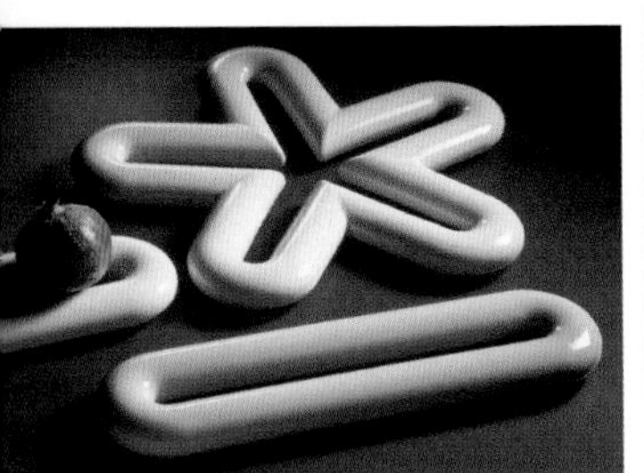

图3　陶瓷设计：OVTLINE
设计：托尼·奥弗斯通
制造商：阿拉比亚陶瓷公司

图4　家具设计：三角折叠椅
设计：汉诺·科赫伦

战后物资的短缺很快在手工艺方面体现出来，特别是在玻璃和陶瓷方面。而家具工业也仅有木材作为惟一可用的材料。从20世纪50年代后期起，塑料逐渐开始在家具中得到采用。工业设计随着金属工业和家用电器工业在20世纪60年代得到突破性的发展，其设计对象从厨房用具扩展到工业机械和交通工具。在这个阶段，设计的技术和材料基础仍然有限，对个体设计师而言比较容易掌握。“国家设计体系”通过设计师、企业和政府支持的国际推广形成了一种整体的力量，得到了良好的运作。在国际竞争中，芬兰的消费政策也对国家工业和国内市场起到了保护作用。

这一发展在20世纪60年代末达到了一个高潮，但也很快遭到批评。在那个动荡的年代，青年一代的设计师对把设计与个人名字挂钩的做法表示反对，他们还提出了社会正义和生态等当时流行的观点。同时，在诸如洗衣机等产品中许多无名工业设计的产生，唤醒了个体设计师的角色。以设计驱动的产业以良好的发展势头一直保持到20世纪70年代早期，但在国际石油危机和芬兰经济萎缩期间受到了打击。这一切使设计教育更具社会激进主义影响，同时青年设计师的认识更普遍的从传统设计业转向对人体工程学问题、设计方法和设计的社会需求等方面。这也标志着对传统手工艺兴趣上的新转折，许多设计师开始了他们自己的以手工艺为基础的工作室。另一方面，企业开始对设计师产生怀疑，因为所引发的左派思潮和反资本主义的思想成为大辩论的标志。

设计界理想主义式的讨论很快扩展到20世纪80年代初芬兰人所面对的国际化问题，其原因是由后现代主义引发起来的。后现代主义对芬兰产生的影响不及欧洲大陆那样强烈。在20世纪80年代后期，年轻的一代掀起了抗议的浪潮，以推进国际主义的价值观、个人化和设计的艺术化角色，这一切的发生都是过去15年广泛、系统的无名化阶段带来的结果。但工业界随之更加重视设计作为整体因素在产品开发中的作用。今天，在医疗设计、体育器材和通讯传达等新扩展的工业领域，设计在企业的运作中成为无价之宝。同时关于企业形象的论题和设计管理也扩展了设计的思维和实践领域。

第三个阶段出现于90年代初芬兰经济的危机中。当时工业生产突然下降，失业率增加，整个金融业的基础结构遭到破坏。现在企业和政府都认识到，面对国际化产品和品种的激烈竞争，工业基础必须进行重新调整和改造。这一改造方向完全不同于过去起主导作用的森林工业和重金属产业。它宣称了高科技产业的兴起和设计作为外贸产业竞争武

图2　家具设计：三连椅
设计：诺米斯纳米事务所／昂蒂·诺米斯诺米
制造商：Arvo Piiroinen 公司

器的强力出击！同时在诸如家具和日用陶瓷业等传统产业中，青年设计师发布了一系列新的产品。这些设计师们通过他们的教育成为国际化的活跃分子，他们还能够最大限度地在工作中和市场上获得信息技术的益处。最近，政府在2000年批准了芬兰的国家设计政策规划，它将使企业、国家和地方环境政策在运用设计上更具操作性。一个新的投资领域是在设计的研究方面，这一领域将深化观念并为芬兰设计打下坚实的基础（图2、3、4）。

2. 芬兰现代设计的主要代表人物和他们对芬兰设计的贡献

现代芬兰设计的产生自然与20世纪现代主义在欧洲大陆的兴起，及其在芬兰等北欧国家迅速扩延有关。现代主义首先产生在20世纪初的建筑当中，其中最引人注目的是阿尔瓦·阿尔托（Alvar Aalto）设计的建筑，它们成为芬兰30年代的民族风格。但是在二次世界大战以前，在设计上——如家具、陶瓷和玻璃等方面，现代主义还不像建筑那样强大。阿尔瓦·阿尔托与他的妻子艾诺（Aino）却与众不同，他们还得到阿泰克（Artek）这样的市场组织的支持，使他们能够随心所欲地进行设计。现代（Modernity）的概念还包括设计中的现代主义，它在20世纪50年代初期扩展到消费大众。那时战后对生产的限制被解除，消费社会开始形成。可以说，芬兰现代设计的“古典时期”是从20世纪50年代中期到60年代末期这个阶段，它在许多产品领域起到了主导的作用，这些领域包括了从单件手工艺制品到咖啡壶、床单等为日常生活服务的产品等范围。

值得注意的是芬兰设计外在的、国际的印象总是由一系列手工艺制品的特色所形成的，如玻璃、染织和陶瓷等等。因此我们设计的〝真正的〞特色取决于采用什么样的价值标准来评价。但也许某些主要的特点是可见的，特别是20世纪50和60年代在造型上出现的纯净主义（purism），它与现代主义的理念是一致的。这种纯净主义与手工艺的联系甚至比与工业生产还要紧密，它成为国际化影响对国内传统的象征，而不是模仿。

将芬兰设计的成就局限在某几个人名上总是很危险的。通常在国际上提到芬兰现代设计的人物时，总是包括：阿尔瓦·阿尔托（Alvar Aalto）、凯·弗兰克（Kaj Franck）、塔皮欧·威卡拉（Tapio Wirkkala）、迪蒙·

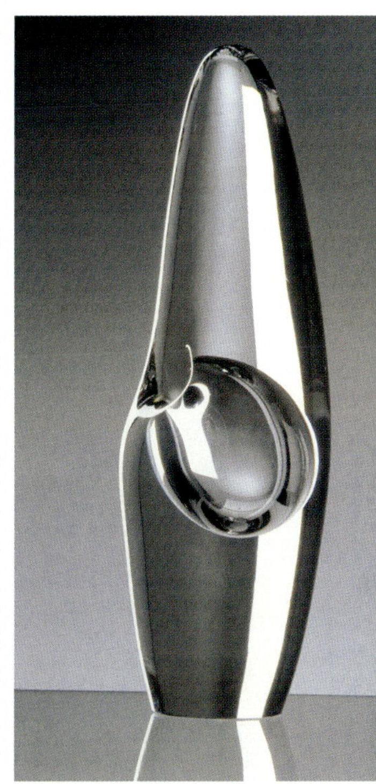

图6　玻璃设计：ORKIDEA
设计：迪蒙·萨帕耐瓦

图7　首饰设计：纸制胸针
设计：扬娜·西瓦诺雅

图5　玻璃设计：砖灯
设计：哈里·库斯琪宁
制造商：斯德哥尔摩设计坊

图8　室内设计：芬兰共和国总统官邸室内设计（起居室入口一角）
设计：巴蒂·巴特鲁

萨帕耐瓦（Timo Sarpaneva）、伊马里·塔皮奥瓦拉（Ilmari Tapiovaara）、约里奥·库卡波罗（Yrjö Kukkapuro）、纳里·斯蒂（Nanny Still）、奥艾瓦·杜艾卡（Oiva Toikka）和艾诺·阿尼奥（Eero Aarnio）。但是也应当提到许多其他的设计师。特别是在今天，我们应当记得工业设计是一种团队性的工作，个人因素在其中不占有最主导的作用。在这种方式下的当代芬兰设计，如诺基亚的移动电话设计和为运动使用的波勒心电检测仪设计等与个人的成就并没有直接的联系。当然某些人的个性也会成就他们自己的品牌，史提芬·林德福斯的多才多艺和国际化就是这样一个例子。

从许多方面可以感受到二战以后几十年来设计大师们所做的贡献。他们帮助芬兰工业的现代化、扩展了芬兰的国际知名度、并使设计成为众所周知的活动。同时，通过对设计质量的关注，芬兰环境的普遍水平，包括建筑、室内设计和用品等得到了提高（图5、6、7、8）。

3. 芬兰现代设计与功能主义、现代主义的关系

功能主义、现代主义和芬兰设计对战后年代而言几乎是一个含义。功能主义是欧洲大陆现代主义的北欧翻版，其影响是从20世纪20年代末扩展到

芬兰的。在功能主义中具有强烈的社会精神，即强调将优良的环境和设计带给社会所有阶层的重要性。这一社会精神在20世纪40年代和50年代的重建中得到了推行。通过诸如20世纪50年代以美国为基础的国际现代主义或是意大利的现代设计，使现代主义得以持续发展和调整。从20世纪30年代末直到80年代后现代主义开始，可以说是现代主义和芬兰设计之间关系最为明确的阶段。这个阶段甚至更长，因为现代主义的原则仍然在芬兰发扬光大。今天，我们看到对60年代早期所钟爱的纯形态和至简主义的回归——它既是有效的实践，也是复旧的态度。例如艾洛·阿尼奥著名的塑料椅被再次投入生产，同时，60年代的原创设计被现代设计的收藏者们高价收藏(图9、10)。

4. 芬兰设计对国际设计的影响

芬兰现代设计的确产生了国际性的影响。但除了一些清晰的案例研究外，要对这一影响的深度与广度进行评价是很困难的。用更普遍的观点看，这一影响体现了斯堪的纳维亚设计的广阔内涵。例如，在1954～1957年间举办的斯堪的纳维亚设计展览将这一影响带到了北美。显然，该影响主要发生在盎格鲁撒克逊的范围，也许包括德国。但在法国、西班牙和意大利，这种影响的程度肯定要小些。尽管如此，仍出现过一些有趣的影响个例。约里奥·库卡波罗所设计的塑料家具60年代在巴塞罗那非常流行，并帮助了当地现代设计意识的发展。而在英国，各种芬兰设计的巡回展在各个学校提倡了优良的品位和设计，对当地产生了间接的影响。

今天，20世纪50年代和60年代的设计符号由于其纯净的形态和极简主义的态度再次成为典范——例如弗兰克的陶瓷和威卡拉的玻璃。阿尔托是独一无二的人物，他的影响是如此广大，难以评价(图11、12)。因为他的魅力是非常独特的，这已无法用“影响”来评价。在这方面我们可以说50至40年前的设计仍然具有影响。要对当前设计的影响作出评价并不容易。全球化使设计更加普及和网络化。当然某些新的芬兰设计作品在国外设计师中引

图9　平面设计：海报
设计：塔帕宁·阿托马

图10　家具设计：Pastilli and Copacapana
设计：艾洛·阿尼奥

起了反响，但是很难相信芬兰设计可以作为国际设计的主脉，或是一种普遍的品牌发挥影响。如果芬兰能够创造出遵循社会和环保价值的设计，它就能作为未来理想水平的一种典范，而不是陷于形式的层面。

5. 芬兰设计与其他北欧国家设计的异同

传统上芬兰设计和瑞典的设计是很接近的。挪威在五年前还不是一个以设计为主导的国家。丹麦设计具有极高的质量——并与瑞典和芬兰享有同样的现代主义方法。与丹麦和瑞典设计的精雕细琢相比，芬兰设计更具有简洁直率和禁欲的风格。同时，与自然的紧密关系也成为更突出的市场特色。

图11　家具设计：Paimio
设计：阿尔托

为不仅是芬兰人的行为也是全球都市主义的行为。

6. 关于芬兰设计的传统与特色问题

我们所指的传统是什么？是指芬兰的本土文化吗？它在二次世界大战之前就或多或少的消失了，还是指是始于20世纪的芬兰设计传统？在第一种情况下与芬兰本土的简洁风格有关，这种简洁主要是由于贫穷的生活条件所导致而不是出于审美上的考虑，它非常适合于现代主义的观念：纯粹的形态、极简的装饰、通过物品本身的功能表达。而在材料方面，对木材的加工技术以多种方式呈现了从传统到今天的继承性。

我得十分小心地使用“传统风格”这类的词，它们总是历史中的重构体或理想的结构体。大约在1900年，由于沙俄压力下的政治原因，存在一种将本土化的事物作为芬兰特殊性的标识而激发对芬兰自然与历史灵感的意识。然而当我们今天再回头去看这个时期，真正的芬兰特色却是那些没有特意强化民族意识的优秀的现代建筑和设计。犹如阿尔瓦·阿尔托的设计：20世纪30年代他最著名的现代化建筑就与当时的国际潮流相一致，这些建筑此后才被认定为具有“芬兰”的特色。

20世纪20年代和30年代国际现代主义的遗产和思想对芬兰产生了强烈的影响，在建筑和设计领域，这些影响至今仍然存在。从这点上看，70年来芬兰设计具有了本土的、未被破坏的现代主义传统。如果在芬兰设计中存在一种特殊的精神，这也许就是对自然的眷恋。但是芬兰是一个都市社会，因此贴近自然更成为市场形象塑造的一种工具。年轻一代事实上否认任何来自自然环境的概念，他们的行为不仅是芬兰人的行为也是全球都市主义的行为。

对芬兰设计的特色问题给予一个近似的答复：芬兰设计的名声与形象只能来自优秀的产品。这些产品以它们的方式产生着我们设计的特性。在他们那个时代，回顾这些产品和对其设计师的议论并不是最重要的。当凯·弗兰克在20世纪40年代末和50年代期间设计出具有现代陶瓷符号的“Kilta”系列餐具时，他并没有刻意去追求所谓的芬兰风格，而是通过卓越的设计解决当代陶瓷所面临的问题，后来这些作品才被贴上了芬兰设计简洁的内涵特性的标签。

7. 对21世纪的芬兰设计的展望

21世纪芬兰设计的命运只能立足于对未来的思考。对好的设计需要同时关注多种核心因素：教育、工业对设计投入的愿望、设计师的实力，这种实力要对民族的需要和文化环境加以回答，以促进设计作为对人民生活和对产业服务的某种活力。只有从这一层面出发，芬兰设计才能够像它在二战后以及今天这样，激发出强大的生存活力并获得国际成功。作为一个决定性的因素——教育，包括艺术和环境的教育是塑造公民价值的首要基础。只有当一个民族在他们的环境中对美和功能加以重视时，才能够创造出美好的设计并得到大多数人类的认同。

是否会出现新的阿尔托或新的威卡拉(Wirkkala)？或许芬兰需要艺术和文化英雄的时代已经过去了。天才如果遇到合适的土壤也会出现。但是整个设计工作的性质今天已经发生了很大的变化，个人的作用已经不再显而易见(图13)。

图12 家具设计：Paimio椅局部
设计：阿尔托

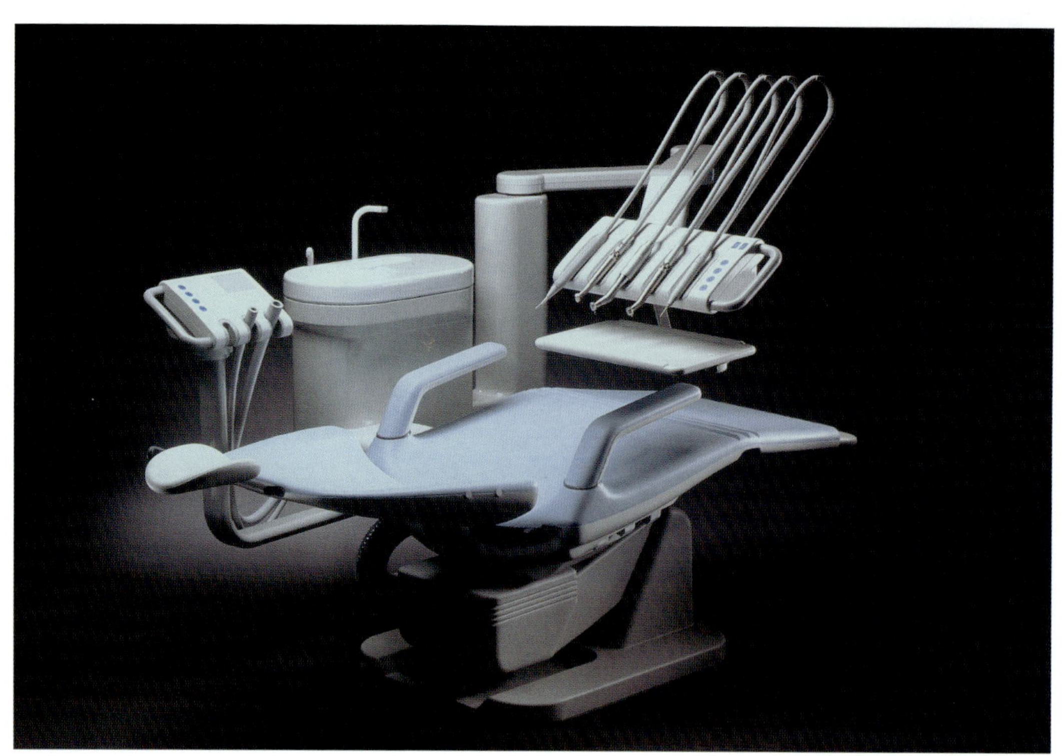

图13　产品设计：牙科综合治疗机
设计：马蒂·赫伯伦

蔡军，清华大学美术学院工业设计系副教授

个人写照：

老跟自己过不去的完美主义者、北欧设计的信徒、致力中国当代设计风格的探索者。

中国工业设计教育工作者的第二代，多年的教书匠和设计实干家，国内外发表的演讲和论文有那么一些，出版的著作也有那么一些、不足挂齿。

所进行的研究兴趣广泛，从“企业设计战略”、“设计管理”到“生活形态与生活行为研究”、“可持续设计”等方面。与国内外设计界交流广泛。90年代以来获得了一些国内外设计大奖、也参与了包括联想第一代家用电脑、北京科委牙科医疗设备、摩托罗拉中国生活形态研究、海信CDMA手机等项目的研究与开发，对国内设计界产生了一些影响，也为中国设计的发展尽了一份薄力。

世界村时代的设计理念

文／克劳斯·雷曼（德国）
译／Satoshi Kobayashi　朱立珊

新的传播技术，改变了我们的生活，我们的思想，我们的物质世界以及我们彼此，并且它会进一步改变物质的流动，改变资金的流通方式，改变劳动力的流动方式以及我们固有的文化价值观念。我们会寻求新的交流语言，我们需要有一个对于专业知识群体的共同平台，这个群体共同的目的就是要塑造未来。我们必须学会理解和尊重彼此作为特定文化的一员，形形色色的文化所代表的价值观和物质观，在整个世界村都是非常重要的。每一种文化都要得到尊重，它们会丰富我们的精神和物质生活。

现代的通信科技加速了这种改变，它们挑战我们的思维，迫使我们重新思考和定位对于社会而言哪些是有用的。我们作为设计者所从事的职业是为我们的生活提供一种评判的标准和永恒的追求。我们永远在追求职业的意义和专业的合理性。

全球每个角落的人们，都比以前更加透过物质世界来展示自己，定位自己。他穿戴什么，展现什么，购买什么或使用什么以及炫耀什么，已经成为一个人的标签。每个产品都代表着社会的内涵。

作为设计者给世界提供一个有形形态的物质产品。设计者通过自己的产品设计的形态来改变消费者。因此，作为设计者肩负着很大的责任，一个没有道德标准的人不会成为一个严肃的设计者。

我们生活在一个交流的时代，我们认为信息是未来的一个挑战。但是，我们必须意识到信息并不等于知识。知识是我们通过自己的亲身经历和自己的判断得来的，只有知识对于未来才是永恒的。

我们现在的世界是通过电脑屏幕进行交流的。现在的世界有它的机遇，同时也蕴藏着危机。它使得我们可以与全球的合作伙伴和同仁共同展开工作，或者寻找自己遥远的朋友。我们生活在一个这样的世界，我们感觉到我们与近邻的关系远不如我们同电视屏幕的英雄更近，在西方世界所显现出来的就是人际关系的疏远。

如果抛开理性而言，我们的物质世界刺激着我们的感官和行为。但是作为设计者，不能够失去我们敏感的感官，触觉和嗅觉。设计是一个神圣的过程，电脑只是设计的工具而已。

设计者必须对我们的生态环境有更丰富的知识，我们必须提升我们的研究层次，维持自然景观是我们未来的挑战之一。从长远的目光分析，保留最好的生态环境的作品将成为市场上最成功的作品。

如果我们目前的世纪被称为设计的时代，那么人们就要更加承认设计师，欣赏设计师的贡献。那么，关于设计的教育就要加强，设计师就要从自我为中心的小圈子中跳出来。

如果政治家们和市场不承认设计师承担未来更理性和具有永恒设计理念的话，设计师的价值是得不到认可的，只是在边缘的价值。设计师必须学会向政治家们和市场大声疾呼，让市场提供这一理念。政治家和市场也必须倾听设计师的声音，为此，双方都必须理解对方的语言，进而找到共同的评价标准。21世纪最大的挑战，就应该是跨专业的交流和对话。

克劳斯·雷曼，设计师，设计教育者。斯图加特国立艺术与设计系主任。

达彼思广告公司

文／黄　为

通常办公空间的设计是功能的设计，只要很好地满足公司人员的办公需求。设计师一般多会将注意力集中在前厅、会议室等区域的装饰上，好像把公司的门面装修好看就可以了。

达彼思广告公司是一家国内知名的企业，本案在设计时和其公司的平面设计师保持了良好的沟通，力求在空间设计上打破以往的设计程序，将平面设计的理念运用到办公空间中去，大胆地通过色彩及光影的变化，从多个角度来整合空间。

本案设计以色彩为主线，贯穿整个办公空间。以前厅为中心，将整个空间分为冷、暖两个色彩区域。通过地毯、水泥地面、木地板、不锈钢等不同材料的运用，很好地显示了公司的文化特点，给访客强烈的视觉印象。同时在沙发、工作台等细节造型设计上也充分为员工着想，给设计师们提供了舒适、方便的办公空间。

本案在设计和工程造价上都得到了客户的好评，并在2002年巴斯夫亚太国际设计大赛中获奖。

讨论区

黄为：

1987年～1991年　毕业于中央工艺美术学院（现清华大学美术学院）环境艺术系。

1991年～1999年　总装备部工程设计研究院建筑2室室内设计部。设计师

1999年～2003年　新加坡魏智仁集团北京办事处。资深设计师

2003年至今　TGP环球都市国际项目设计集团。资深设计师

主要作品：

1. 1990年 获“平山郁夫奖学金”。
2. 1991年 毕业设计获日本“龙富士美术奖”。
3. 1996年　北京赛特雅里朗韩国餐厅。
4. 1997年　北京康帕斯西餐厅。
5. 1999年　飞利浦电器北京办公室。
6. 2000年　IBM中国研究院。
7. 2001年　达彼斯广告公司。
8. 2002年　德国大众、奥迪北京办公室。
9. 2002年　微软北京办公室。
10. 2002年　获“巴斯夫国际室内设计大赛”一等奖。

一、前言

当人们沿着西海岸经过时能看到的就是乔治王子学生公寓。人们就会非常好奇，那是什么？是豪华公寓吗？当知道是学生公寓时会很吃惊。的确，这所公寓给人留下非常深的印象。建筑的外立面精雕细刻，玻璃在很多地方使用，从外面一直延伸到市内，可以看到很多的玻璃吊灯。这座很独特的公寓给人的印象并不仅仅在外表，在室内布局上也有很多新的观念。新加坡国立大学要给予研究生和本科生以优良的学习环境，在国立大学的任务书中提出了这个要求。新加坡的大学设施在国际上享有盛名，给不同国籍的学生提供交流以及愉快的环境。这所学生公寓坐落在校园僻静的角落，顺着山坡又可以看到海及港口，有2850个本科生单间，对有家室的外国学生有200个套间。总投资为9500万新币，整个占地面积为7.2ha(图1、2)。

新加坡国立大学 乔治王子学生公寓

译/Satoshi Kobayashi　朱立珊

图 1

图 2

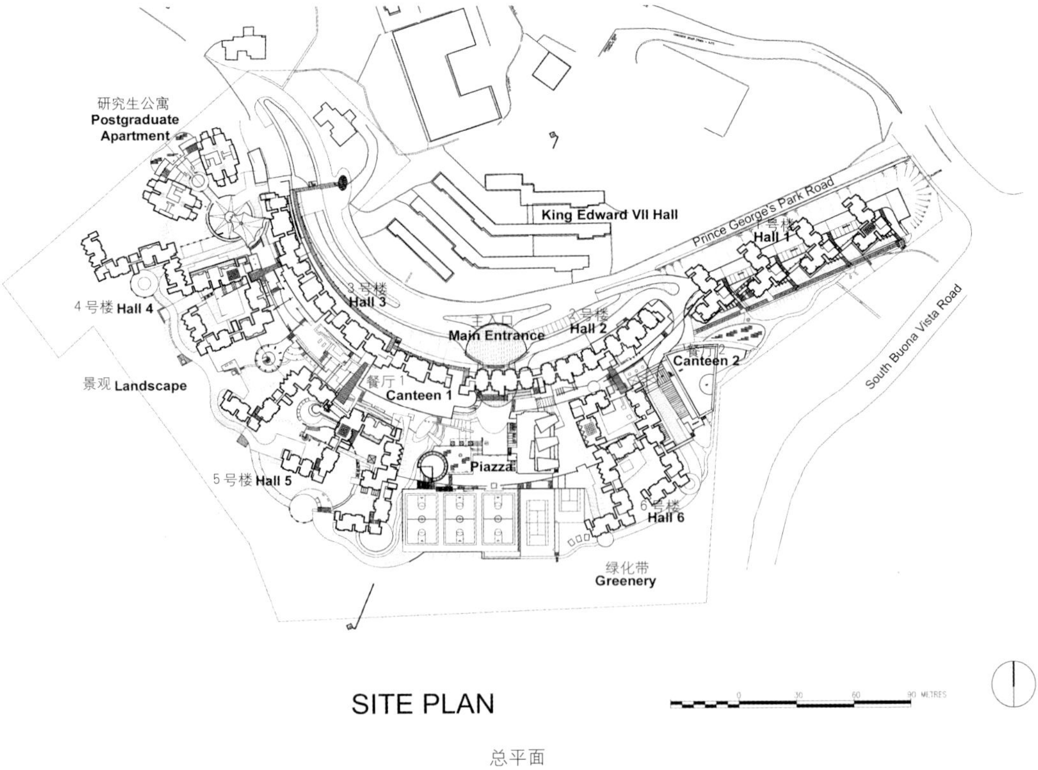

总平面

图3

二、标书原则

首先，一系列的建筑让人非常满意。整个面积广大，需要更多的层次。立面凹凸不平，包括道路的转变处，都给人视觉的更多变化，但在整体上仍然有完整性和统一感。总体而言，从中心的主楼向东是塔式结构的建筑，它们像光芒四射的灯塔，引导人们进入主入口。西边是两座塔式的公寓，引展出的支臂延伸到绿地上，一点点发展向上伸展。沿着山坡往北，整个公寓伸展又怀抱着爱德华七世学生公寓。建筑一点点向上伸展，最外层对着公用道路，接着私家路，再是停车场，停车场在主路的下层。主楼大厅是主要的活动中心以及分流中心，继续向南走，是内庭，也是通向各个空间的交汇点。整个建筑逐渐融入绿丛中，通过层层叠叠的递进维持原有景观及绿色的完整，达到建筑同环境的和谐（图3）。

三、大厅的分类和特征

国立大学的每栋建筑都有传统的特征，经常在学生公寓中有各种活动的展示以及联谊。整体建筑群分为六幢主楼，在设计上既有相通之处又各自不

5号楼主要校园设施分布

0 20 40 60 80 METRES

图4

同。第二点就是给每栋建筑创造了不同的景观环境作为视觉识别特征。2号楼同3号主楼坐落在整个空间的中心，其中之一靠近公共道路，另一个靠近人行横道，在沿着这个通道行进中就像城市中有台阶式的高层公寓。4号楼、5号楼、6号楼延伸的大厅是与内厅相连接，比较松散，又像是在郊外的公寓感受。在一些细节的调节上可能有遗憾的地方，但是设计师力争不破坏自然景观和绿色。他们将很多的建筑小品融入环境中，如跑步的通道、瞭望台、喷水池和烧烤设施，使居住者可以享受室外环境并欣赏自然景色(图4、5、6、7)。

图5

图 6

图 7

四、徜徉在校园中

当你从南边走来时，可以感受到L形的1号大厅，非常有节奏感。整个建筑群开始渐渐升高，很像嵌入山壁之中，融入山的怀抱，给人很强烈的视觉震撼。在这个公寓的中心处，是主入口，同时是上下车的位置。渐渐往下走，可以看到多功能厅，从这里能够看到绿地和大海。作为一个亮点，它成为主要的活动空间，如文化交流活动、假日活动等。这些活动可以把不同背景、不同文化的学生汇集在一起进行交流和展示，提供了多功能的活动内容的场所。就像一个城市的大型广场，周边被公共设施所包围，如食堂、银行和商店，同时它也是一个行人道的交汇点。下边是多功能厅、会议中心、演讲中心、教室。这所大学经常提供短期课程和演讲，而会议中心正好坐落在建筑群中，非常的方便和合理。有遮盖的通道将楼与楼进行连接，它不仅仅是通道，同时又提供不同的景观环境。从这里人们可以方便地到达各个建筑中。这个通道的东端是一个集会场所，有表演和演出，在它的中间是镶嵌在绿色树丛中的第二学生食堂(图8、9、10)。

图 8

图 9

图 10

五、房间的种类

居住者进入房间之前都必须通过大厅，此举限制了外来人员，保证了安全。整个公寓房间都是单人用的。共有三种形式，分别有 A 类，有独立的浴室、空调，方便于访客，很像是酒店的客户。B 类和 C 类基本上相同，只是 B 类的房间中有洗手台。

六、结束语

设计师注意到这个公寓是依靠小城镇的方式来设计的，有自己的街道，有自己的公共活动场所，有些支路相关的设施，这种安排满足不同要求，一些大型的公共活动可以在广场上举行，另外一些小型的活动可以在靠近人行道的地方举行。在整个的空间布局中，还有一些非常个人化的空间，如瞭望台休息区。在整个建筑的四周还有很多僻静的空间。

整个设计的主导思想是要以关注人际间的交流为主题。整个国立大学学生公寓虽然只是一个大的校园生活的一部分，但同时也是大城市的缩影。在不同的层次要提供人际间的交流，私人空间、亲密朋友间空间、大型聚会的空间，有个人的特征、小组的特征和大集体的特征。同时，整个设计还提供不期而遇的空间，也帮助一个正在求学的学生，在他的思维成长，人性成熟的过程中给以健康的环境。

VISTA 建筑设计有限公司简介：
成立于 1972 年，致力于为客户的不同需求提供相应解决方案的实践。

Kim Loh Fong　公司执行经理，毕业于新加坡国立大学建筑学院
Wong Hong Fong　公司合作伙伴，毕业于苏格兰斯特拉思大学

公司主要作品：

一个探索设计思路的『路线图』

文/曾坚

我很喜欢明代家具，对其中的圈椅，情有独钟。圈椅的造型，可以说已是无可挑剔，但在使用功能上，与现代生活方式有着不小的矛盾。我一直有一个设计现代圈椅的愿望。在我1960年奉调北京工业建筑设计院组建室内组时，机会来了，我自我下达了一个设计现代圈椅的研究课题，利用空隙时间进行课题研究。因为不是设计任务，没有人在时间上催逼，有空干一阵，设计任务一忙将它搁置起来，几个月，甚至几年，于是停停打打，断断续续，时间拉得很长。这个课题，从1960年开始至今历时四十余年，做过几十个设计，到现在还未定型，还不能划上句号。这个课题，周期之长，可以列入世界记录。一个个设计完成，虽然是企图改进前一个设计的缺点，但始终没有取得我的“自我认可”，于是就成了个“马拉松”课题。

为什么老得不到“自我认可”？是我的设计思想有问题？还是我对它成果的评估要求脱离实际？使我陷于朦胧之中，难以自拔。我想借《触摸设计》年刊的出版机会，将我对这个课题设计的设计思想过程——称之为探索思路的“路线图”——写出来，请读者为我切脉诊治。

一、家具的选择

我选择明代的一种圈椅（图1）作为设计现代圈椅的蓝本，是因为它实际上已是明代家具的一种标志性家具著称于世，同时它又易于改造成为一种实用的现代扶手沙发。

图1

二、改造的方针

圈椅不仅造型美观，而且气质上高雅华丽，但在功能上有待改进。因而改造方针应是尽量保持原圈椅神韵的情况下，从尺度上改造圈椅以提高它的舒适度。

三、第一阶段的改造

1960年开始，启动了圈椅的改造，受到20世纪50年代建筑界对"民族形式"风格讨论的影响，认为成功的古典建筑(或家具)都是神圣不可侵犯的，因此改造的手脚谨小慎微。第一次改造(图2)只是把座高降到普通椅子的高度(440mm)其余都未有大的改动。第二次就比较放开(图3)，将座、背都改软包，但四条椅腿还是维持原来垂直地面。所以第一阶段的改造是以将明代椅改成现代椅为重点，但尺度上仍属椅子范畴。

图2

图3

图4

图5

图6

图7

四、第二阶段的改造

1960年代建筑大师梁思成对建筑风格的评价，提出四个要素：即中、西、新、古。并互相搭配成四组评价，梁思成按照评价高低依次列为：中而新、西而新、中而古、西而古。所以设计应该求“中而新”，对我来说印象深刻。同时1959年提出“实用、经济、在可能条件下注意美观”的建筑设计方针把实用提到了比美观更高的位置。事也凑巧，1963年设计蒙古人民共和国迎宾馆的室内及家具，需要一种中国的扶手沙发，我开始将第一阶段的现代椅，逐步改造成为扶手沙发。第一次改造(图4)是将坐位改斜，又将座背间夹角加大，调整其他尺度使符合沙发的舒适度。随后又进行了第二次改造(图5、6、7、8)，完全按扶手沙发的尺度、角度进行调整。原来靠背软包高于木圈的部分，也被取消，使木扶手与背部木圈浑为一体，四个椅腿也根据需要与扶手及坐位形成角度。在完成第二次改造后，在蒙古国迎宾馆和政府大厦工程中使用，得到各方面的认可。

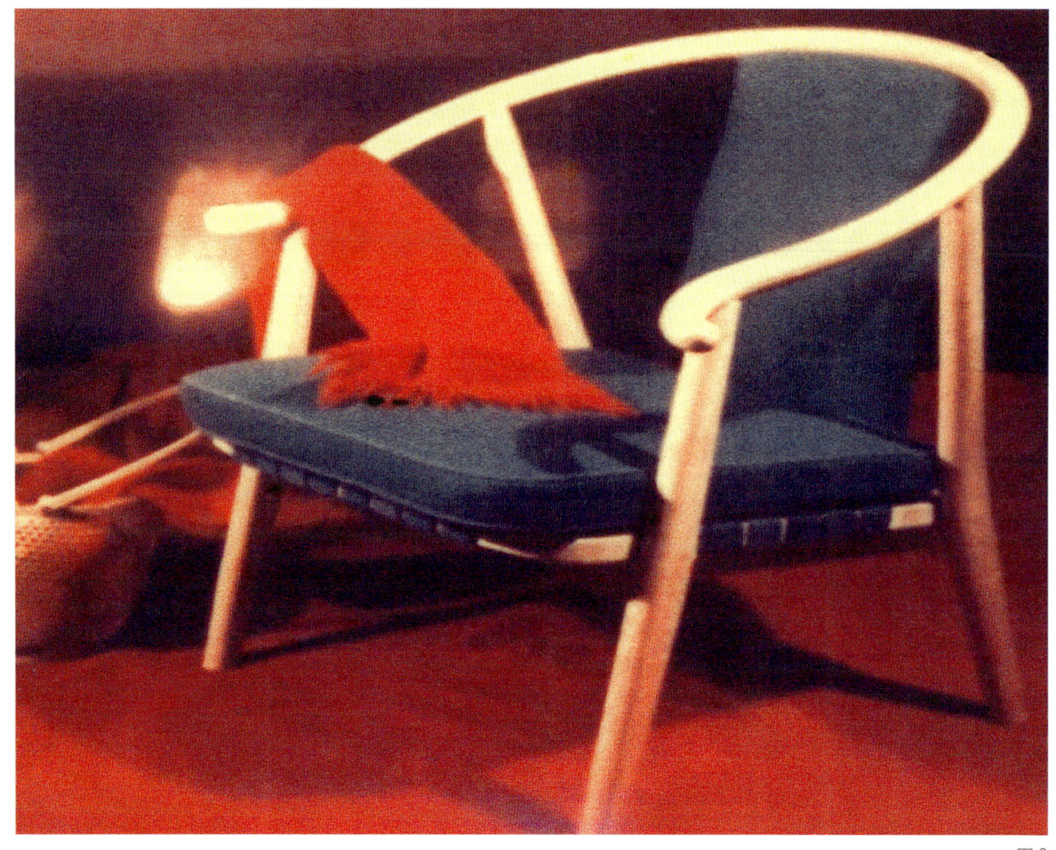

图8

五、第三阶段的改造

近年来，室内设计和家具设计界的学术思想比较活跃。在设计风格和设计创新问题上，有着不少新的观点，一些过去的认识也有不少深化的观点。这些观点正推动着我对圈椅新一轮的改造。

1.关于简约主义　在国际上、设计界，建筑设计、室内及家具设计出现了一种简约主义的学术流派。主张寻找事物的精髓和本质，抛弃那些不必要的东西。用简洁干净的设计语言来表达你的设计意图。

2.关于创新　创新对设计者并不陌生，但经过多年的实践，对创新观点已有更深化的认识。可以概括为三句话：求创新而不沦俗套；求传统而不搞复古；求现代而不抄西洋。第一句叙述创新的正确轨道、不能以重复自己抄袭别人来代替创新而沦于俗套。第二三两句是指出不能以抄古、抄洋来算作传统、算作现代。

3.关于人体工程学　二次大战以后人体工程学的兴起，对家具设计步入科学技术的轨道起了不小的作用，对椅类家具尤其重要。它使椅子、扶手椅、沙发、躺椅的设计，有了数据上科学的依据，提高舒适度，促使家具向健康化发展。

我在上世纪70年代曾着手研究人体工程学对沙发设计的作用，得出符合人体健康的沙发曲线，有了这种曲线即使靠背是光板，没有软毛，也由于曲线符合人体而能均匀地承受背部压力而感到舒适。同时我在试验中发现，曲线中腰部受到支撑、起到“填腰”的作用能使就坐者腰部韧带放松，使背部挺直，增加舒适感(图9)。

我以以上三个观点，作第三阶段改造的思路，得出了新一轮的现代圈椅(图10、11)。这种圈椅的特点是：靠背不用软包，而是弯形木板(或可用弯曲木)；靠背板曲线符合人体曲线；后腿改为直棍；整个造型更趋简约。为了免去靠板的浮雕，我还做了另一种(图12)。

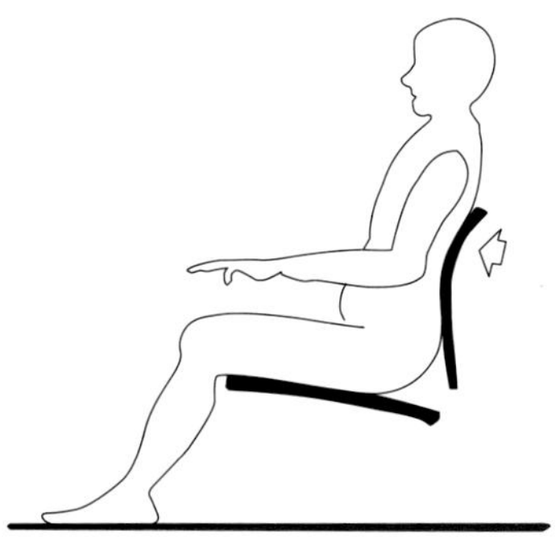

图9

配套工作　为了这类沙发能获得各种配套组合、还设计了两人、三人扶手沙发及相应的咖啡桌和茶几(图13、14、15)。

派生的设计　在主体设计以外还做了三种派生的设计。其一是扶手不是正圆，改为六角形(图16)。其二是圈椅改为铝管(图17)。其三是靠背板多个条形弯曲板(图18)。

图10

图11

图12

图 13

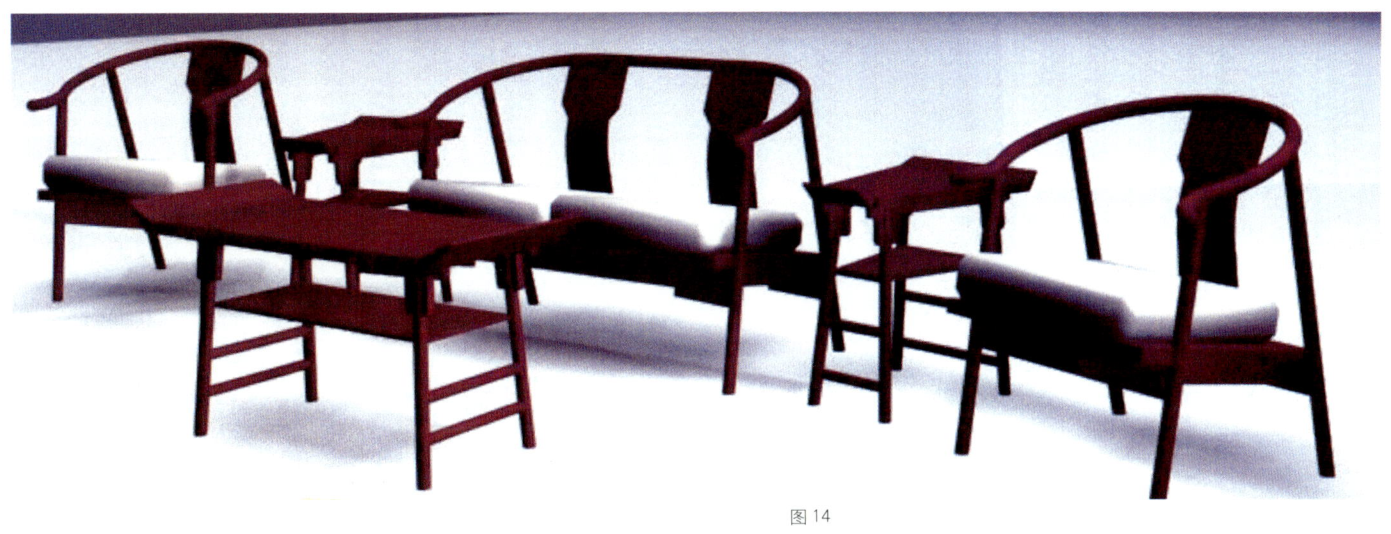

图 14

图 15

图16

图18

图17

六、评价与启迪

40多年来经过三个阶段的改造，做出了几十个设计（很多设计已放弃故未列在之中），虽后者较前者有所改进或进步，但离“自我评价标准”相去还远，特别是要保持原圈椅的神韵、提高舒适度还不能达标。

但通过圈椅现代化的改造，得到了一点启示：明代家具是我国（乃至世界）的家具瑰宝。所以称为瑰宝，是在于明代家具有着历史价值、文化价值和观赏价值。至于使用价值，有些类别的家具，如坐椅类、储藏类等，由于时代差异，不能适应现代生活，使用价值不是很大。如何对待这些历史文化遗产呢？我们不会把它当作神灵供奉起来。而是应当“激活”它，使它能经过改造，发挥它的使用价值，为现代社会服务。在改造这些家具时，一定要维持保护原家具的造型的神韵和气质，在使用功能上满足现代生活需要。

* * *　　* * *　　* * *

我这里释述的一些看法，是希望从古代家具的改造得到启示，创造出我们的新家具来。简而言之，希望在传统基础上创新。这个观点正巧与当今国际建筑界有种观点是完全对立的。这种观点认为，“搞创新必须割断传统、抛弃传统，否则就不是真正的创新。”我对这个还未弄懂，不敢随便苟同。这一点也请读者帮我“激浊扬清”让我弄清是非，我将万分高兴。

曾坚，1925年生于上海
专业：室内设计、家具设计
1947年6月毕业于上海圣约翰大学。他在室内设计中注意空间再创造、探索设计创新并追求具有中国特色的现代室内设计。在家具设计中重视“人体工程学”在家具上的应用、研究家具五金在家具上的应用。曾主持设计过众多国家重要的家具设计和室内设计项目。

为人设计的城市公园

——新加坡城市公园案例解释

文／亨利　　译／Satoshi Kobayashi

当一个新的城市公园开始设计的时候，设计者必须时刻提醒自己不是在为自己进行设计，也不是为了他的荣誉，而是为将来使用公园的人们进行设计的。为了成功的做到这点，设计者必须了解现在的使用者，同时要考虑到未来发展的需要。10年前的潮流已经成为过去，我们的设计必须经得起时间的考验，与时间同步进化。

1. 公众意识上的改变

首先，了解新加坡的居民对室外的使用的变化就代表着潮流的变化。在1985年，新加坡优美的乡村景色很快地消失掉了，但城市里的居民却没有注意到这些，没有人抱怨，没有人怀疑失去了这么好的自然馈赠的财富。但是到了2003年，对于室外活动人们有了全新的体验，却发现寻找不到足够的新鲜空气和锻炼空间。现在人们了解到他们需要什么，那就是更多的室外设施，同时保护自然，与自然和谐相处(图1、2、3)。

2. 成熟的全球化社区

新的一代追求的是生活方式。

世界变化，日新月异，与科技的进步和商业文化的进步同步变化。世界村的所有成员所面对的是新的技术、新的观点、新的思想。

图1

图 2

新的一代会为他们和他们的孩子追求自己的生活和工作环境。今天公园的使用者，也是明天的决策者和享用者。设计者必须了解生活方式是在不断的改变，因此，他必须创造一个环境，使公园空间不断地满足后来者的需求(图 4、5、6、7)。

设计者会问公园使用者一些问题：

- 他们是否欣赏室外的生活，还是仅仅把室外当作穿行的空间。
- 人们是否会享受更奢华的生活，追求更繁杂的活动，还是追求返璞归真的生活。
- 人们是否会发展新的运动爱好以及新的享受方式。
- 作为成人，家庭和孩童会不会开发新的兴趣。
- 在消费上是否有新的方式。
- 会不会有新的规定，限制人们的行为。

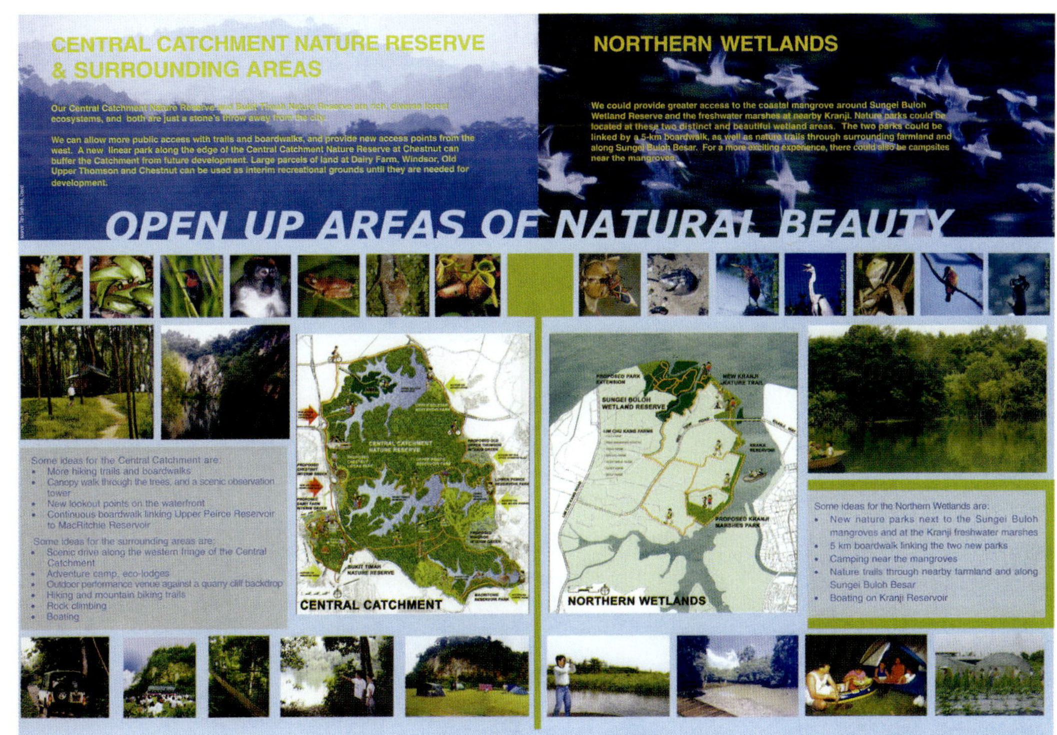

图 3

图 4

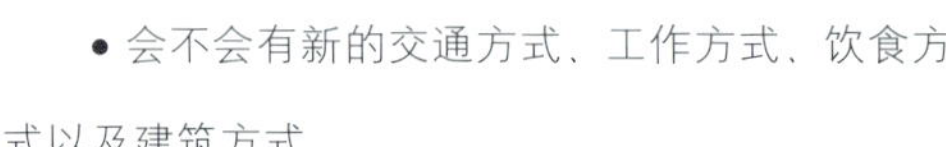

- 会不会有新的交通方式、工作方式、饮食方式以及建筑方式。

- 会不会在人类行为上有新的发现，孩童有新的玩耍方式，或者产生新的社会构成元素。

- 未来的社会会不会产生新的价值观，从而产生新的方式设计我们的环境。

- 会不会有新的游戏产生，从而要求更大的空间，新的安全措施和新的游戏规则以及新的管理方式。

即使今天，看一下公园使用者的习惯，也可以发现人们行为的变化，人们在运动以及娱乐中了解如何放松自己，享受新鲜空气，他们选择怎样的饮食方式，包括在哪里交往和进行非正式的商业接触。

3. 公园的进化

新的城市公园不可以一蹴而就，整个城市会不断的变化和进化，而每一次进化都需要很多年才可以完成。因此，新的公园应该是城市环境的一部分，随着城市环境的改变而发展。

人们不会在一个时间内同时进入到公园中，他们会随着周边的建筑物和设施的完成而渐渐地使用公园，人们搬入新的办公室以及新的住宅，人口在逐渐增加，对于新的公园的设计是随着这个过程的发展而一点点的变化，从而带动越来越多的人们使用公园。因此，第一阶段建造的公园应该是简单的，但是基础一定完好。然后，一点点用下述方法来完善它，为它增添色彩：

图 5

图6

图7

第一阶段：

做好基础设施，创造一个良好的环境，将土壤的成分、树木的种类、架构的方式整合在一起。设计好哪些是通道，哪些是蔽雨的场所，简单的设施，照明，供水和清洁设施。

第二阶段：

装饰和增添设施，在公园起初的很多年间，对公园的需求加以充分的考虑，以后只要添加装饰元素和设施就可以了。

3.1 基础景观

任何的自然景观都是基于它的自然形态、气候、水源以及原始的耕作方式而形成的。设计者要了解原始的土木工程情况，如何保存已有的树木，将自然的土壤环境做一个分类，划分穿行的通道、桥梁、排水系统和服务设施，基础照明和信号灯光系统，增添植物提供遮阴空间(图8、9)。

3.2 导入人文景观

经过规划，装饰，活动区域设施的增加，小卖店、餐厅、艺术品展示区等等辅助设施的增加，使公园变得趣味盎然。

4. 自然景观中的公园

在都市环境下，自然只是存在而已，我们都梦想着被自然所环抱，因此，我们建造公园是为了减缓城市的喧嚣，我们需要绿地和新鲜的空气，调节生活空间，使我们感到自己并不是在钢筋水泥的夹

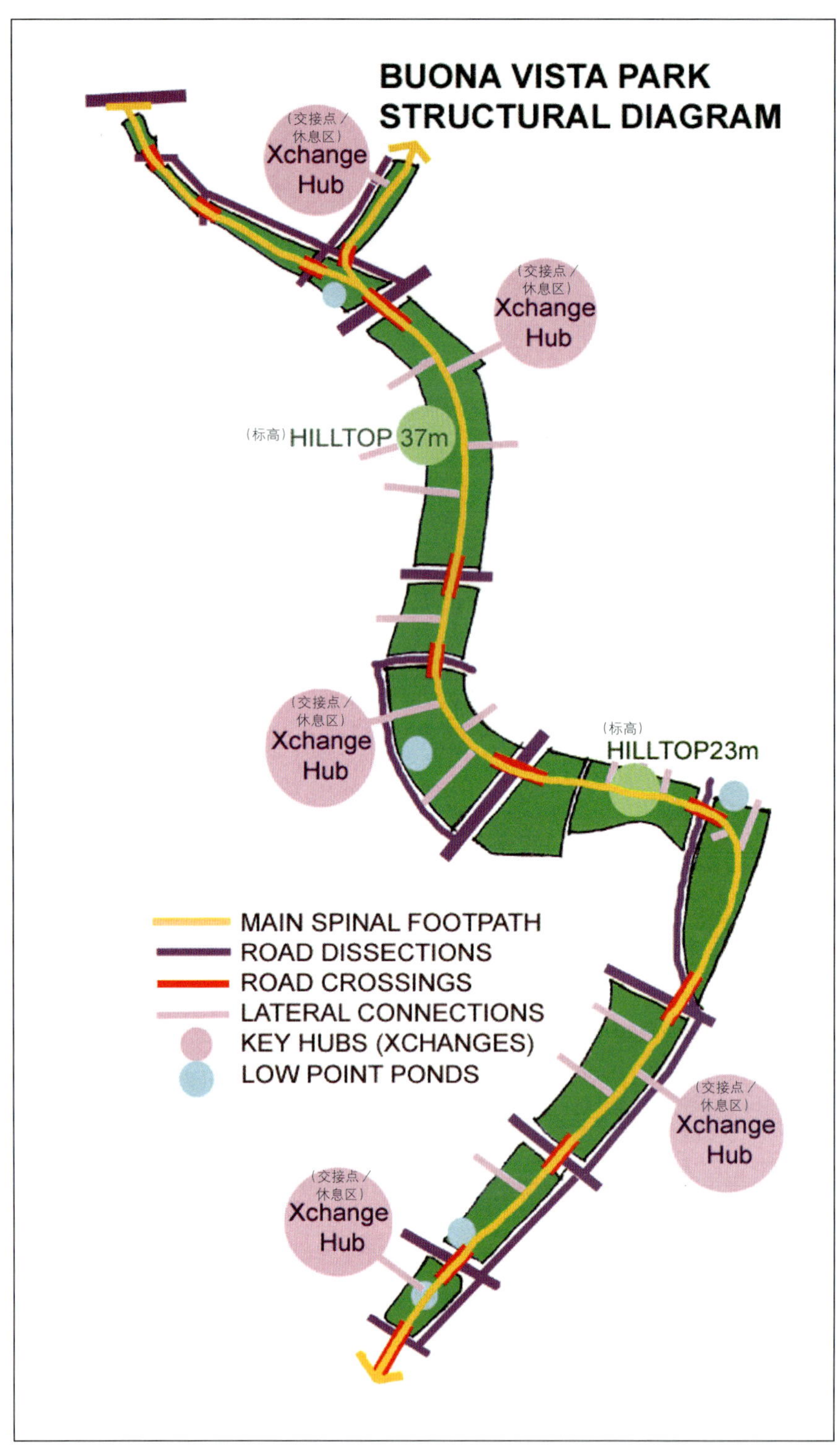

图 8

缝中。虽然公园是开垦和人工建造的环境，但是它同时是自然的缩影，它折射出我们希望成为自然世界一部分的渴望，如果能把它设计得完美，公园就会成为我们摆脱城市喧嚣，进入自然的最佳捷径。

公园拥抱它所环抱的建筑的边缘，连接着街道和城市空间，把整个周边的环境有机地衔接在一起。公园的概念并不是城市建筑物的环绕品，它应该是城市元素的一部分。一个公园就是一个神坛，我们从中可以采集到自然中的瑰宝，从而达到人和人之间的和谐，人和自然的和谐。

5. 持续和发展

对一个新公园有效的使用，必须考虑任何一个环节，从地面形态到水流，自行车通道以及人流通道的交汇和发展。在公园的每一个角落都有一个集散的地方。所有的角落和周边，包括街道，公共场所和中心相连的建筑，然后从中心到四周之间景观的位置都错落有致、井然有序。设计就是要提供这种连续，保持整体的持续和流动。介于城市和新公园间的交错和连接是各个层次上的连接，不仅仅是在地面上的连接，空中建筑物的连接，从山坡上，从底谷中，要求绝对的从公共空间考虑，包罗万象。公园本身没有明显的界限，同周围环境亲密地相连。首先，在地面通过电梯和自动扶梯，将地下部分和周围建筑物的公共部分以及内部和外部有机地融合在一起，可以在建筑物的冷气空间与户外空间中任意串行，整个绿色植物可以攀缘而上，到各个角落，可以生长到屋顶或者建筑物的阳台部分。从建筑物的大厅到公园通道的楼层要有桥梁连接，这些桥梁会腾空而起，避免人们穿越交通干道，从而提供安全和自由的行为。

图 9

现在的公园是对所有的人，在任何时间，以任何理由都可以使用。这些空间是最大众的，不受任何的局限。人们可以在其内进行任何活动，这个公园无法用任何金钱来衡量它的价值。这些公园使城市充满活力，这些元素会在城市不断的扩展和膨胀中起到调节作用。

图 10

6. 采自于自然的灵感

从自然中采集灵感，这些形状和形态有利于我们展开思路。在我们日常生活里，这些优美的形态，俯拾皆是。植物叶子的扇形，在繁杂中可以找到协调。椭圆形则由像鹅卵石、尖果、鸟蛋而来。弓形以及放射性的叶脉消失在隐蔽的地方。我们是否受到这些形态和色彩的影响，在我们的设计中，我们在自然形态中看到和感受到的都反映在我们的设计

图 11

图 12

图 13

中。自然界中是层层叠叠细胞连着细胞，一厘一毫中形成的。自然的形态是随着常年的生长，运动和循环而来。所以，我们的设计必须随永恒的运动、生长、缓慢的积累，随着时间的推移，积累它的美和价值(图 9、10、11、12、13)。

(二层花园)2ND STOREY GARDEN
(一层花园) 1ST STOREY GARDEN
(连接景观) BRIDGE DECK INTERFACE
(连接景观) INTERFACE LANDSCAPE
(一二层花园) 1ST AND 2ND STOREY GARDENS
(三层花园) 3RD STOREY GARDEN
(通道) CONCOURSE
(底层空间) LOWER FLOORS
(自然地貌) HILL ON NATURAL GROUND
(连接通道) BRIDGE
(通道) CONCOURSE

(二层花园)2ND STOREY GARDEN
(一层花园) 1ST STOREY GARDEN
(连接景观) INTERFACE LANDSCAPE
(连接景观) INTERFACE LANDSCAPE
(一层花园) 1ST STOREY GARDEN
(二层花园) 2ND STOREY GARDEN
(通道)CONCOURSE
(基础)BASEMENT
(自然地貌) PARK ON NATURAL GROUND
(通道) CONCOURSE
(基础) BASEMENT

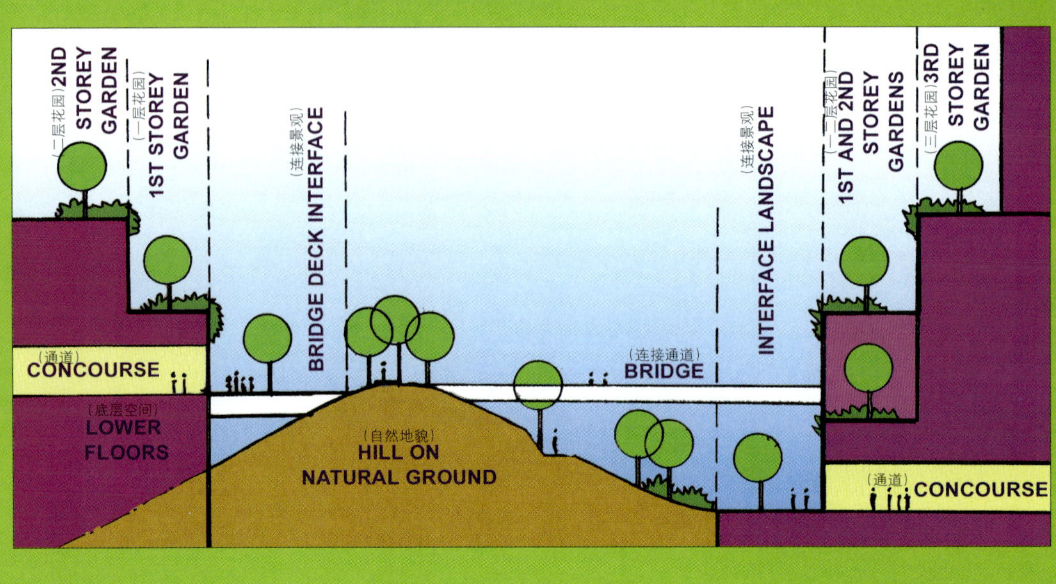

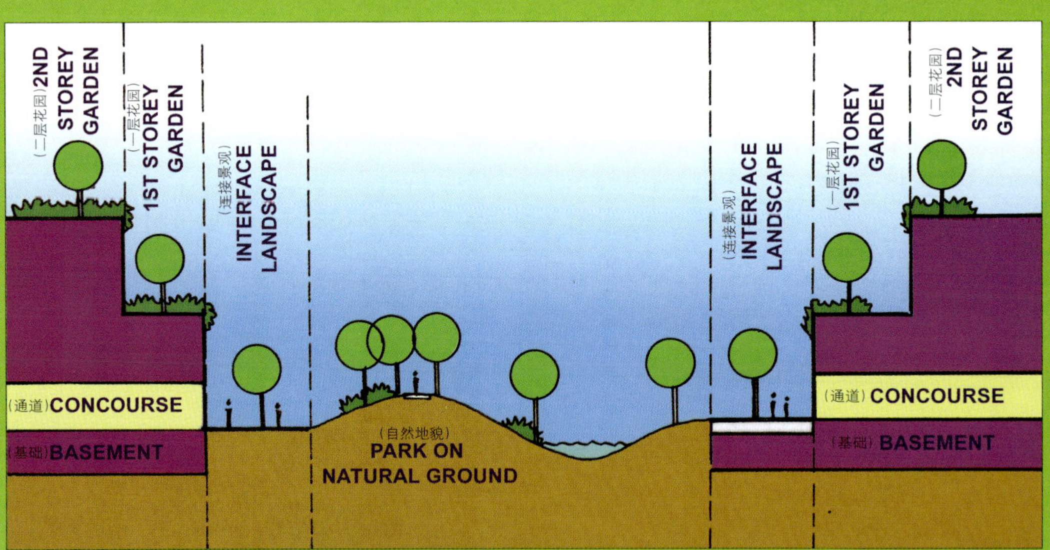

图 14

（有斜坡的平台和绿化带）
SLOPING TERRACES
& GREEN BERMS
（灯塔）
BEACON
（导向空地）
PLAZA LEADING
TO VOID
（屋顶花园）
ROOF GARDENS
（公园部分独立的连接通道）
BRIDGE LINKING
SEPARATE PARTS
OF PARK
（公路）
DIVIDING ROAD

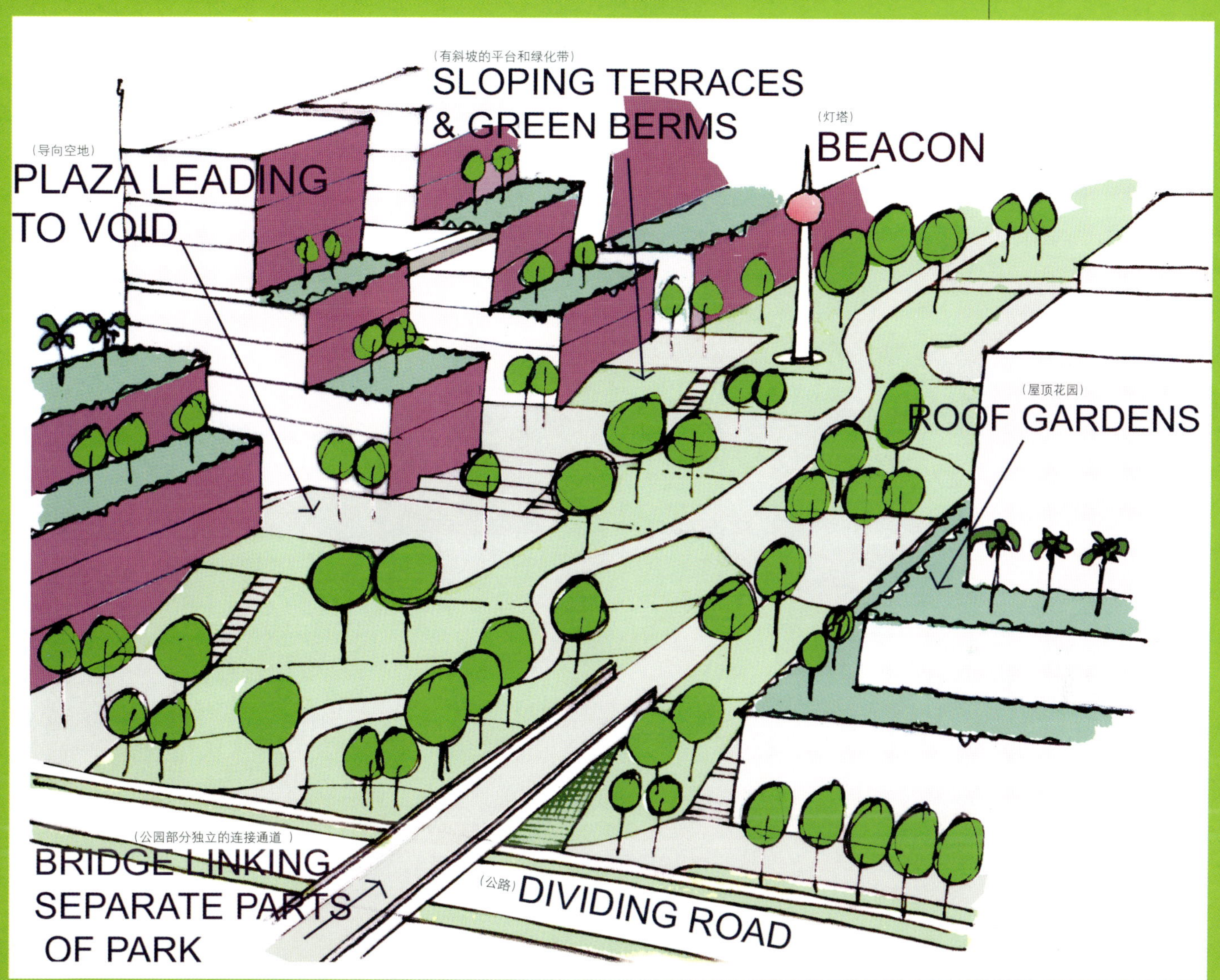

图 15

（灯塔）
BEACON
棕榈树及草地
PALM LAWN
（灯塔）BEACON
（自动扶梯）
PEOPLE
MOVER
STATION
(ELEVATED)
（校园）
SCHOOL

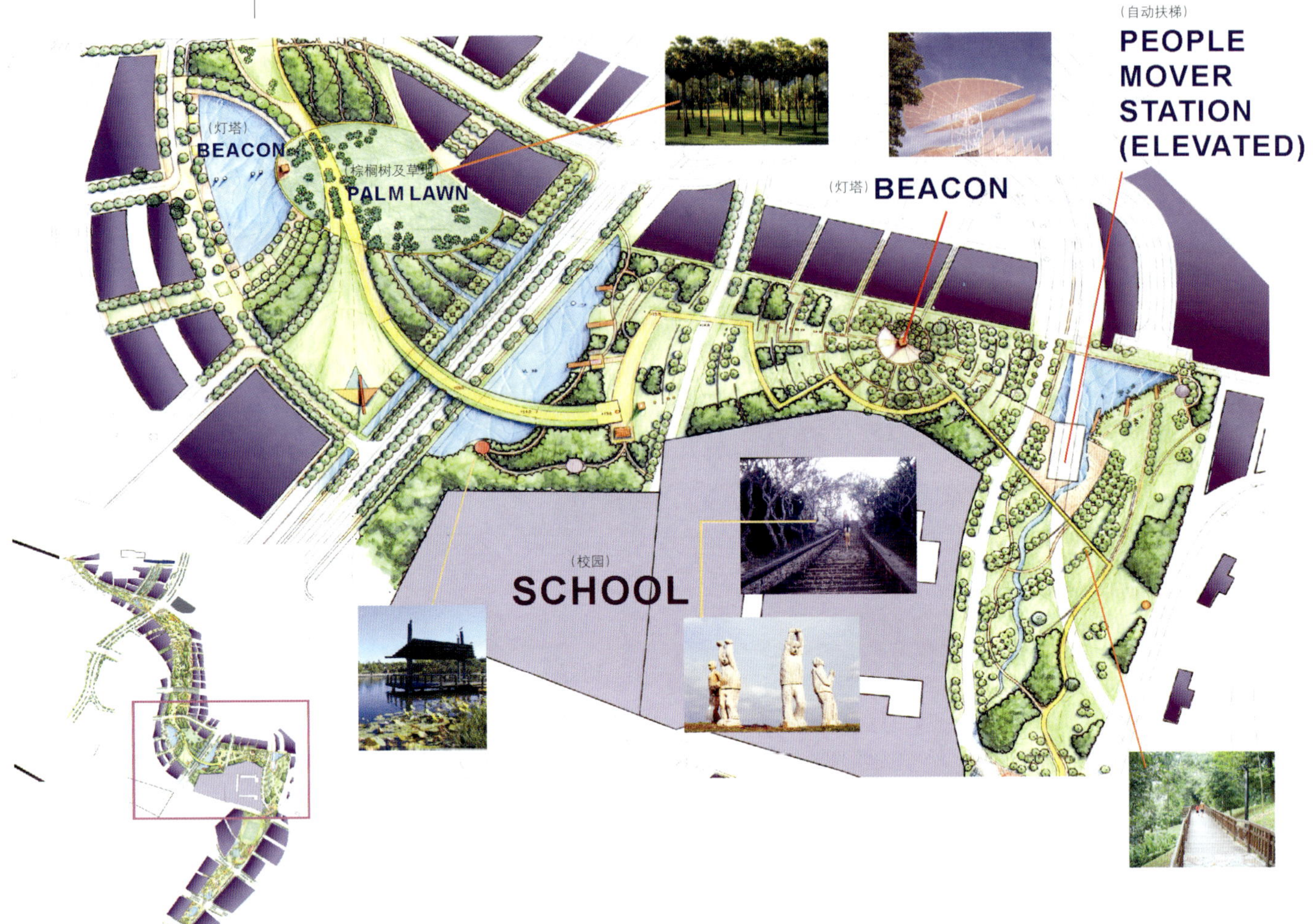

图 16

7. 集自然，美于一身

现在我们可以拿出自己的笔开始设计。我们吸取到了灵感，我们知道了什么是最需要的。使用者和自然共享这个公园，所有这些都使公园变成了艺术品而没有人工雕凿的痕迹。我们的景观是设计艺术，把周围的景致有机的融合，将所有的元素融合在一起，让我们享受这个环境。另一个目的要提供更多的绿色。这不仅仅是为了多元素的平衡，它更带给我们回归自然与自然融于一体的机会（图 14、15、16、17）。

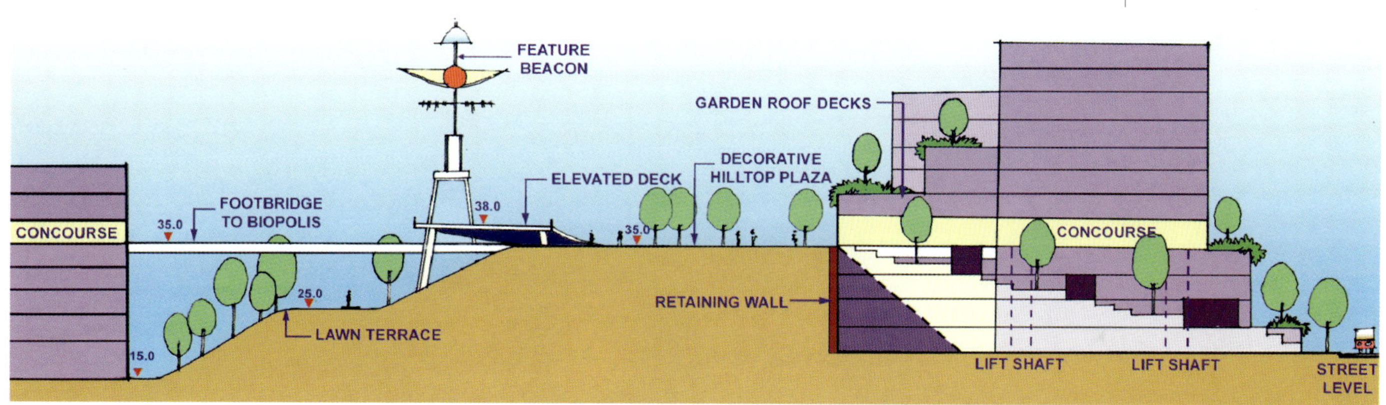

图 17

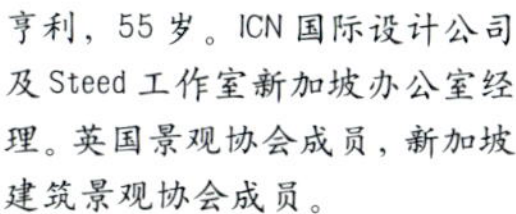
亨利，55 岁。ICN 国际设计公司及 Steed 工作室新加坡办公室经理。英国景观协会成员，新加坡建筑景观协会成员。

摄影：赵长春(中国新华社驻芬兰首席记者)

现代设计与中国家具的未来

——设计大师约里奥·库卡波罗访谈录

文／方海

方海简介：建筑师，目前任教于赫尔辛基艺术设计大学和北京大学。曾完成《现代家具设计中的中国主义》博士论文及……等著作。

方海(以下简称“方”)：最近我看的一本新书，是考伦爵士的自传体问答。在该书的扉页上，考伦爵士再次宣称你上个世纪60年代初设计的卡路西利椅(Karuselli Chair)是他认为最舒适的。我的印象中，从这张椅子出世那天起，就立刻被世人看作是最舒适的，近半个世纪过去了，仍然没有哪件作品能取代它。这也许就是所谓的“永恒”吧！你觉得它的本质要素是什么？(图1、2)

库卡波罗(以下简称“库”)：也许考伦爵士太夸张了些。我想他本人很喜欢这件椅子，他在全球又有影响力，所以能作这种宣传。据我所知，确有许多建筑师喜爱卡路西利椅，因为它很舒适、休闲，有时能让人沉思。这件作品完全是根据人体工程学的原理及尺寸设计出来的，因此“以人为本”应该是一种“永恒”吧。但我以为“永恒”的要素绝不止这一条，人们的追求总是多方面的，设计也必然呈现多元化，即使“以人为本”这一条，也会有多种多样的解释，你的博士论文给出了很好的例证。中国家具源远流长，其设计传统是震憾人心的，我看到的可能只是很小的一部分，但仅这些已让我大开眼界并受益匪浅了。

方：说到中国家具的设计传统，我是有些体会的，这些年又同你一道设计了以中国家具为设计线索的东西方系列现代中国家具，感到中国家具应有所发展，但如何发展，却实在是个非常复杂的问题。印象中国内知识界在“民族性”与“国际化”之间已争论了半个多世纪，直至最近才感觉有些起步。中国有古谚：当局者迷，旁观者清。你对中国家具传统及现状有些什么看法和建议？

库：我本人非常喜欢中国传统家具，尤其是明式家具。以前在各地旅行及讲学中零散地看到一些，都是博物馆中的藏品，总以为是“阳春白雪”一类的东西。直到五六年前看到你的博士论文初稿，才知道博大精深的中国家具实际上都是日用品，总体上完全是功能主义的产物，与现代设计并无精神上的区别。你刚才提出“民族性”与“现代化、国际化”的争论，这种事也同样出现在欧洲许多国家，对我个人而言，对这类事的兴趣不大，但对“民族性”却始终是充满浓厚的兴趣，也许因为我主要做为设计师在工作，而“民族性”时常能够成为一个灵感之源。你的博士论文中对此有详细论述，就我所熟悉的北欧设计界，尤其在丹麦和瑞典，有一大批建筑师、设计师都曾以中国传统家具为原型进行创作，并产生为数众多的精品。“现代化”与“民族性”并不矛盾，民族传统如能正常发展，决不会与

图1 《特伦斯·考伦爵士自传》扉页图

现代化相冲突，意大利和日本都是这方面成功的例子，尤其是意大利，历史传统的感觉与中国相当，但二战以后迅速成为现代设计许多领域的中心之一。

方：是的，作为中国建筑师，我为自己民族丰厚的家具设计传统而自豪，也隐隐约约能感觉到中国当代家具正步入“设计时代”，说到这儿，感到非常惭愧的是中国目前大多数家具企业仍处在抄袭与仿制阶段。任何设计传统的活力都在于创新，在这方面芬兰建筑师、设计师是个优秀的例子。

库：芬兰在现代设计和建筑的发展中表现不错，曾出现沙里宁、阿尔托、塔卑瓦拉、凯·弗兰克等划时代的设计大师。也许是严酷的自然环境迫使芬兰人以最直接的方式解决功能问题，同时，由于芬兰民族的历史较短，年轻的民族可能在思维上包袱会少些。但无论如何，传统设计一定有它们存在的理由，能历百年、千年而不衰的东西其本身就是一种设计精品，从这一点来看，我非常羡慕你们流传至今的丰富设计传统，这些年我去中国所看到的数不胜数的中国传统家具，真正是个宝库。更让我惊喜的是结识了一批身怀绝技的中国家具师傅，如江苏无锡的印先生，广东台山的伍先生，北京的袁先生等，他们都操作着大大小小的家具企业，但他们本人都是身怀绝技的师傅，更令我感兴趣的是他们学会和继承这种传统工艺的途径及方式。如上面提到的三位，除袁先生有家传手艺并在北京鲁班馆受过“科班专业训练”外，印先生和伍先生都是自学成才，通过“行万里路”学习手艺，这让我想起建筑大师柯布西耶。我相信中国有许多像印先生、伍先生这样的人，从这一点也能肯定中国的家具传统是不会消亡的。至于如何发扬光大，可能涉及到一个大环境的问题。

方：我理解这种“大环境”问题应在全球性的文化交流和“国际接轨”方向上，庆幸的是，整个中国正向这方面努力。然而在家具设计方面，二三

图2　Karuselli 椅
Yrjo Kukkapuro 库卡波罗1963～1964 年设计

图 3　ATELJEE 沙发系列

十年的改革开放，似乎也应该产生几位有国际影响的设计师，然而在前二三年进入新世纪时，各国出版的大量“全球100位设计大师”，“世界400位现代经典大师”，或“20世纪1000件设计杰作”之类的书籍中，却没有一位中国人榜上有名。也难怪两年前我的一个欧洲朋友游览中国时，曾向我怒吼：中国开放这么多年，至今仍看不出几座中国建筑师设计的好房子，你们这些建筑师应负责任。至今仍然让我汗颜、反复思考、辨论、探讨了多年，实际上都不知是否真的找到原因。也许真的是“当局者迷”了。也许还应请“旁观者清”的你来帮助分析（图3、4、5、6、7）。

库：如果撇开“大环境”问题，我以为系统而有效的现代设计教育是个关键。我虽这几年时常去中国，但每次时间都不长，很难提出系统的建议或看法，但有几点给我印象很深的现象，应该引起中国同仁的重视。首先，我这些年接触的家具设计领域的教师中，除少数例外，绝大多数都不是专业建筑师或专业设计师，这与芬兰完全不一样。有些教师明显有才华去设计好产品，却不知为何没有去做，也许是教育体制决定的。再有，在中国的设计大学中看到学生的作业都是以“表现图”为中心，甚至只是“表现图”，给我的感觉是在培养插图画家，尤其是家具设计专业，其实是非常实用的东西，学生的习作只能以模型甚至产品的形式表现出来，否则学生不可能知道设计是什么。

方：你说的很确切，我们这两年接触的所有家具企业老板们几乎都异口同声地抱怨说，毕业生来到企业一般都要培训两至三年才能起作用。这明显是在抱怨国内目前家具设计教育的不完善，其实中国的学生有些非常有才能，完全有可能胜任激烈的国际竞争，问题是设计教育的某些弊病浪费了他们的时间，同时也误导了他们的学习方向。

库：有时我觉得这个问题很简单，以前也谈过，现代设计教育无非着眼于三个方面，其一是引导学生熟悉设计史、艺术史，知道前人都干了些什么，是

图 4 REMMI

怎么干的，这些知识会引导学生早期的研习模仿和后期创新时少走弯路。在这方面，图书馆举足轻重，在欧洲，图书馆都是大学的中心，甚至是大学这么一个机构的象征。学生完全根据个人兴趣选择自己喜爱的资料，他们实际上是成年人，完全有能力自己看书，教师的上课是交流性的。其二是引导学生们亲手制作，只有通过亲手制作才能知道设计是什么。其三是教师的指导，这种指导也是交流性的，教师是因为见多识广，经验丰富而对学生提出合理的、建设性的意见。我想人们会理解这些的。

方：不仅是理解，而且已经在做。这些年中国经济发展迅速，海外留学生纷纷回国工作，肯定会在诸多领域引起变革。只是在设计领域似乎仍需要更多的外来刺激。

库：其实任何国家在发展的任何阶段都需要外来刺激，即文化交流，尤其在现代信息社会，闭塞无异于死亡，更谈不上创新活力。艺术与思维的创新需要大胆的设想，而设计与建筑的创新则需更多脚踏实地的工作，并建立在科技发展的基础上，尤其是新材料和新工艺。在这方面，中国的现代设计教育应是大有潜力可挖。就我的个人感受，在中国许多设计大学，无论是教师和学生都过多地倾向“艺术”，而忽视“技术”，这可能与设计专业都安置在美术学院有些历史渊源。"技术"的层面在很大程度上被忽视了，中国所拥有的许多技术精华实际上被埋设在民间，像前面提到的几位师傅，如果我做校长，我一定会聘请他们给学生上课。

方：说起这种专业设置，在中国有其历史原因，就家具设计领域而论，几千年来在中国，家具就是木制家具，因此您会发现中国的家具专业全部放置在林业大学中，这其实并非完全不好，问题的根本仍是观念的转换问题。现代家具中的金属、合成塑料、纺织品等等都成为主角，在这种发展状态下，仅仅将设计的思维建立在木材的基础上，毫无疑问会导致设计的停滞。目前国内的学校又进入改名与合并的热潮中，但愿在形式的热闹之外，也能穿插些许实际的教学改革内容，如果学校更多地考虑怎样去培养一个优秀而有竞争力的设计师，而学生则全力以赴创造自己的设计，那么中国的现代家具就会有真正的面目了(图8、9、10、11、12)。

库：我相信中国不久就会有“真正的面目”，当然这也需要整个社会有一种理解和需求优秀设计的氛围。我们在上海的生产合作虽总体进展很快，但某些方面都始终达不到要求，有人认为是缺少一种全社会的氛围，但我以为这只是一个时间问题。例如芬兰人发展胶合板已有七、八十年的时间，那么要求任何一个企业要在二三年内达到同样水准显然是不现实的。但无论如何，在设计教育中努力提倡重视工艺、重视工厂、重视动手、重视材料的心态

图5　库卡波罗1971年设计

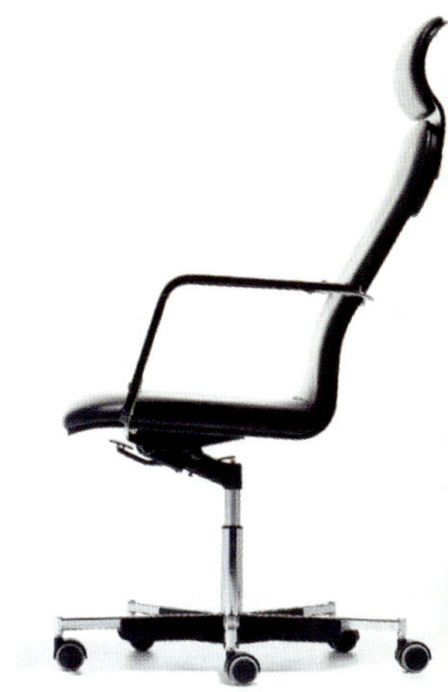

图6　Fysio办公椅，
库卡波罗1978年设计

图7　EXPERIMENT
库卡波罗1982～1983年设计

图 8　A500 系列多功能椅，库卡波罗 1985～1987 年设计

图 9　VENTUS 椅，库卡波罗 1996 年设计

和氛围应该是非常重要的。芬兰在传统手工艺方面并非很强，但我们却因此非常重视，并将点点滴滴尽可能融入现代生活中去。意大利的传统制造工艺有优秀传统，他们因此也形成自己强大的家具制造业。从某种意义上讲，中国与意大利有些类似。当然说到设计的社会氛围，建筑师也应发挥更大作用，建筑与现代设计的发展都与建筑师的努力密切相关。现在的中国，建筑师可能太忙了，也可能在学校学习时没有接触过家具及相关的现代设计领域，总的来讲，中国当代建筑师似乎对家具不太关心，也就很难去提倡一种设计的氛围了。

方：这点我有切身的体会。在去芬兰以前我在国内作为建筑师已工作了多年，但对现代家具确实知之甚少。这几年在芬兰和瑞典学习和工作过程中，才真正体会到建筑与家具实际上是一回事，当代许多建筑师都作家具设计，更不要说他们对家具的品味和推动了。回顾现代设计史和建筑史，现代家具的发展都源自建筑师的努力。建筑与家具本质上只是尺度上有区别。我在欧洲学习的另一个体会是：无论做建筑还是做家具，无论搞设计还是搞研究，认真的工作态度非常重要，有些事情，只要认真去做，最后总能出成果，我接触的最明显的例子就是您本人了，正如您多次谈过的，所谓的成功其实只是一连串认真而有耐心的日常活动而已。

库：我是这样认为的，我本人也是这么走过来的。这肯定是做好一件工作的必由之路。无论如何，我相信中国不久就会形成自成一体的当代设计风格，从我这几年去过的深圳家具展、乐从家具展来看，一批中国青年设计师已开始认真地思考问题并尝试着提出办法。

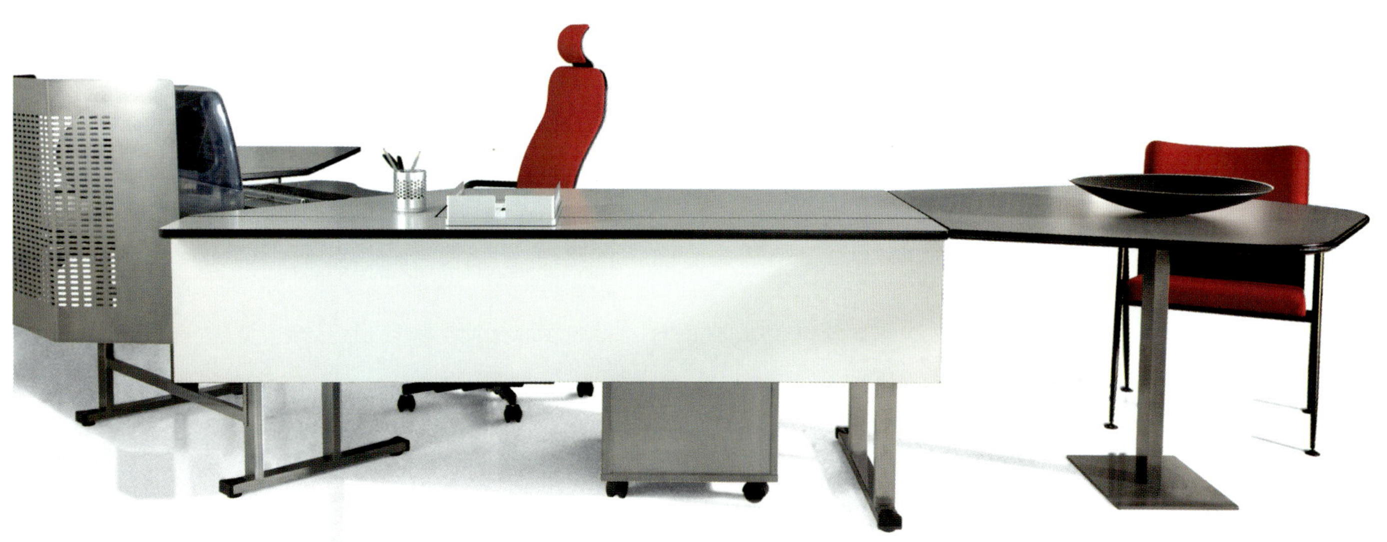

图10　VISUAL 200，库卡波罗，1997～1999年设计

图11　名称：东西方系列多功能椅
设计师：约里奥・库卡波罗、方海
制作：江苏江阴市印氏红木家具厂(或公司)
时间：1998～2000年

库卡波罗简介

约里奥·库卡波罗，当代世界顶尖家具设计师之一，他的作品充分体现其开放意识与创新精神。他是斯堪的那维亚功能主义传统的重要继承者。

崇尚自然材料以及基于结构的思维方式，成为他大胆创新的可靠保证。他的家具设计无论在美学上还是功能上都出类拔萃，图形元素与塑性特征相互交织，形成了富于逻辑的和谐整体。约里奥·库卡波罗还亲手制作作品模型，从这一点上来讲，他也是永恒的手工艺传统的优秀传播者。

约里奥·库卡波罗的设计总是开始于对产品生理需求的系统考察，因而对于公共建筑中“坐”的问题，库卡波罗所提出的解决方案是一流的。作为专注于实际工作场所坐具设计的设计师，库卡波罗被誉为“设计大师”是当之无愧的。

在生态设计观的建立方面，约里奥·库卡波罗的作用也是举足轻重的。另外，作为教育家，库卡波罗非常注重对年轻设计师的培养，其影响无论是从时间上或是地域上来说都是极其深远的。

他使展示艺术成为一种感人的综合艺术，从而赋予了展示建筑设计原理以新的内涵。

库卡波罗教授的作品被包括纽约现代艺术博物馆以及伦敦维多利亚与阿尔伯特博物馆等世界各大博物馆所争相收藏。

凯·卡林(Kai Kalin)

图12　2002年《库卡波罗——方海家具设计新作巡回展》赫尔辛基展厅一角

台湾住宅设计

——访台湾室内设计师游慧娟

文／张焕鹏
图片提供／蒂宅空间设计有限公司

桃园住宅设计案

室内设计是一门充满挑战，也充满成就感的行业。每一位室内设计师，都像是个空间魔法师。在室内设计师的巧思与创意之下，不同的空间，呈现出截然不同的面貌。好的空间设计，更是宛若一个艺术作品，值得让人细细品味。

“喜欢美丽的事物，所以开始接触室内设计这一门行业……。”蒂宅空间设计有限公司设计总监游慧娟，提起当初进入室内设计业的缘由。主修日文的游慧娟，在大学尚未毕业之前，就开始选修室内设计相关课程。“当初，只是对室内设计充满兴趣，并未想过自己会进入这一行，后来因缘机会进入室内设计公司实习，一路走来，就和室内设计这一行密不可分了。”游慧娟笑着说。

游慧娟的室内设计作品都有一些共通的元素，包括墙面大量留白、大面积的落地门窗、充足的自然采光与通风、简单的线条……游慧娟说:"从事室内设计愈来愈久，会愈来愈懂得生活的方式，除了视觉上的美感之外，更会替业主实地着想，规划出一个适合他们居住和生活的实用空间"。

进入室内设计这个领域已经10个年头了，游慧娟累积了相当完整的设计经验。她的设计作品皆有一定水准，并且经常性地出现在台湾各大室内设计杂志之中。不同时期的作品，代表着游慧娟不同时期的成长。她表示，刚刚踏入室内设计界的时代，许多观念和设计手法，仍然处于模仿的阶段。早期的设计作品，呈现的大多属于视觉的美感，随着经验愈来愈丰富，除了美感之外，更兼顾实用性与舒适性。

游慧娟说："刚开始从事室内设计的时候，是一种纯粹视觉感官的设计，后来开始进入到触觉的设计。"什么是触觉的设计？其实触觉的设计，指的是生活的、实用的设计。例如说：在阅读的时候，室内的照明是否充足，灯光的投射方式是否正确？灯具的选择是否理想？灯光的热度是否会造成阅读者的不舒服感。再举一个例子，厨房的料理台以及厨具设备，在美观之余，是否拥有合理的动线高度，厨房的空调与照明是否合宜？这些都是视觉美感之外的重要因素，因为一个好的空间设计，不单单只有

天母住宅设计案

视觉的美感，如何满足家中不同成员的实际需求，更是重要的一个环节。

1996年，游慧娟开始接触“禅”。在学禅的过程中，她开始感受到自己的身心变化，同时也发现如果一个对于身心变化都不敏感的人，其实很难做出一个好的空间设计作品。游慧娟表示，学禅之后，对于人与大自然之间的共存，有了更深刻的体验，她喜欢把自然融入空间设计中，因此，在她的设计作品中，几乎都可以发现一个共通点，那就是大面落地门窗，充足的自然采光流泄在整个室内。自然的采光和通风，是居家环境不可缺少的两大要素。游慧娟说：“学禅以后，对于空间有更深层的体验，每一次从事设计的时候，会特别注重使用者的感觉，也会特别想要深入了解业主的生活习惯，然后为业主一家人规划出一个实用的生活空间。”

“回归自然”是游慧娟学禅后的心得，人和大自然之间密不可分的关系，也出现在她的设计作品中。检视游慧娟的设计作品，没有过多的造型与赘饰，她不喜欢没有实用性的装饰物品，也不会为了增加视觉效果而设计无谓的造型与线板，她认为，有许多的业主会极为重视地砖与砖之间的接缝是否平整无缺，或是大理石地板是否打磨得光可鉴人，事实上，若是太过于执著在一些施工的小细节，很可能就忽略了属于自然的美感。

墙面大量的留白，也是游慧娟作品的其中一个特色。她表示，台湾的住宅空间并不算大，为了让室内空间显得更开阔宽阔，视觉上就不能有太多的阻隔，开放式的空间设计以及简单的线条和大量的留白，有助于视觉效果的延伸，让空间具有加大的效果。除此之外，留白墙面可以让业主自己去布置出一个具有个人风格的空间，喜爱的书作或是收藏品，都可以有一个展示的空间。游慧娟认为，让业主可以在空间里自行发挥一些创意，可以让空间更具有主人的风格，而不单单只是设计师的个人创作。

大址住宅设计案

张焕鹏，自由文字工作者。

“设计”不仅改变了社会也改变了人类自己。由于有了设计，人类的生活变得方便快捷，丰富而充满乐趣。人类社会的进步又促使设计向更深层次地发展。在质与量上，在形与色、材料与构造上，设计随时代进步，均有大的突破。特别是现代社会，人们的生活内容、节奏、形式较之过去的时代，都发生了大的变化，对设计提出了更新的要求。为此，作为一名现时代的设计师，除行业与门类的区别外，对设计的理解与全身心地投入都应该是一致的。然而，令人遗憾的是，在我国室内设计领域，至今仍没有一套完整准确地设计制图标准。一些装饰公司更提出“免费设计”的口号，以此招揽顾客，把设计视为一钱不值的行当。那些似是而非的所谓设计，不仅谈不上什么设计的内容，就连起码地表述都不合格。更有甚者，有的装饰装修队伍，根本就没有设计图纸，只是在地面或墙上用笔划划或者找一些不三不四的画册照葫芦画瓢地展现出粗制滥造的成品，难怪在消费者投诉中，装修业占了很大的比例。

设计决不是随心所欲的游戏，它要求在满足实用的情况下，对使用原理、结构形式、材料应用、加工工艺、技术设备等多方面的了解和把握。

本文着重对室内装修中的构造和用材方面，以图示作些分析，说明设计师应具备的基本技能。图示分三类，即：金属构件、木材、石材。玻璃、塑料、织物以及一些特殊材料，将在以后的构造形式中，结合具体设计再作说明。

浮躁之风休矣

——论装修材料与构造

文／朱仁普

一、金属构件

金属材料在装修工程中，多以支撑、吊挂、连接等功能被采用。当然也有用其作面层装修，例如：铝板、钢板、铜板、钛金板等，并将其表面作氧化、喷塑、电镀等处理，产生一些特殊肌理和色彩，达到某种装饰效果。

金属构件，多以钢材、铝材、铜材、铸铁、锻铁等制作。个别工程中使用合金钢、金、银、锡、铅等金属材料。例如：彩色玻璃用铅条镶嵌成大幅玻璃装饰画，玻璃锦砖有含金、含银等贵金属作室内壁画，中国彩画有金箔、金粉、银、银粉作面层处理，常用的做法是立粉贴金、木板嵌银丝、金丝作装饰画、作图案等。钛金板由于不易变色而多用于面层装饰板等。

常用的钢、铝、铁等金属有型材，例如：型钢、角钢、槽钢、钢带、钢棒、钢管、板材等。不锈钢是许多部位常用的，但一般都不会大面积使用。吊顶用的各种构件：吊杆、轻钢龙骨、塑铝扣板、支架、托架等均为板材加工而成的金属部件。铸铁、锻铁制作的围栏、花格、支架、壁饰等铁制品在装修中也多有使用。

这里就以会堂、医院等特殊场合用的监视窗为例说明设计中金属构件的使用方式（图1）。

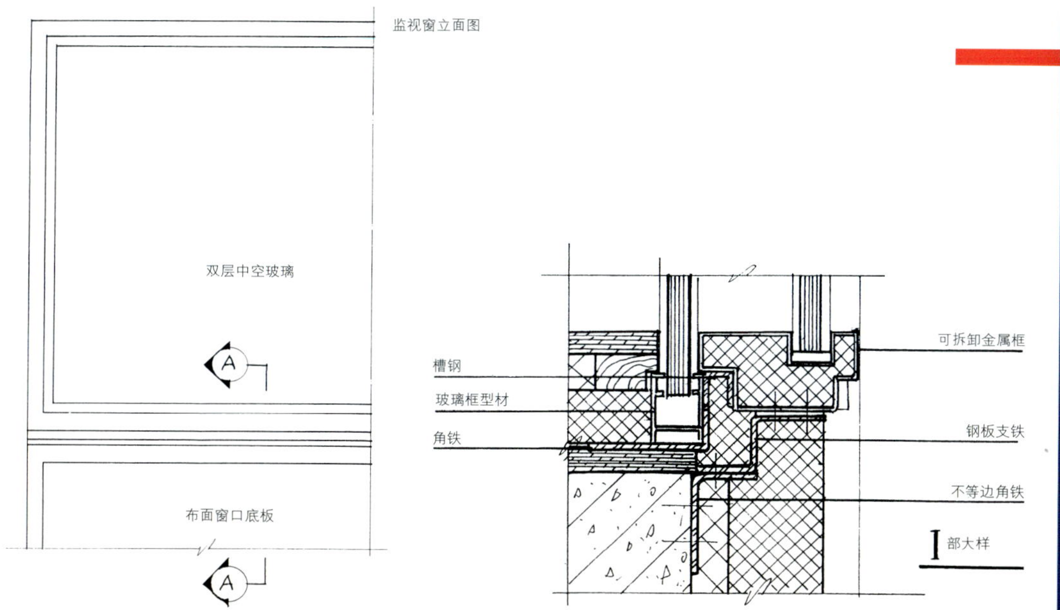

监视窗立面

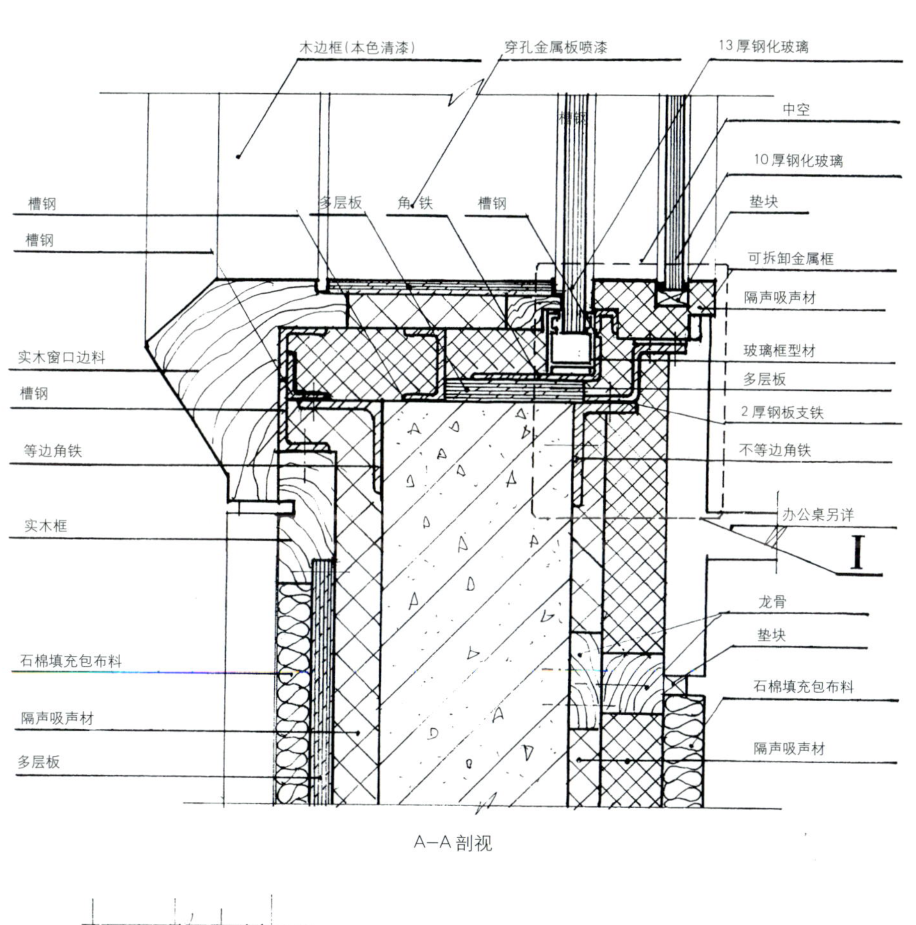

A–A 剖视

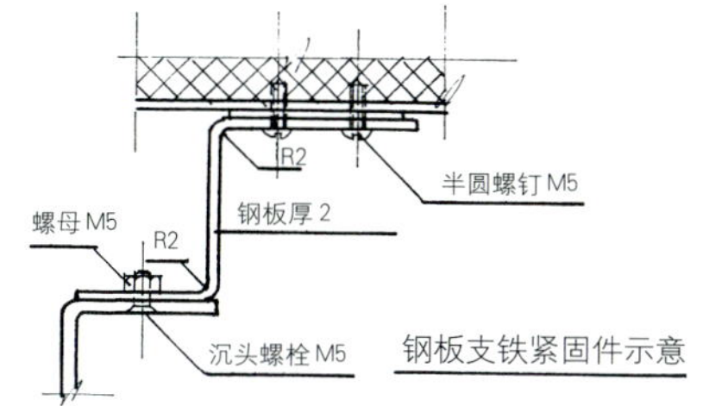

钢板支铁紧固件示意

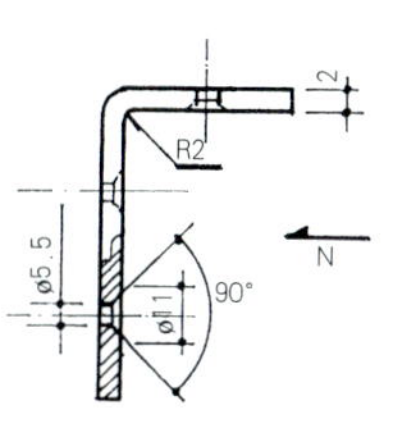

支铁示意图

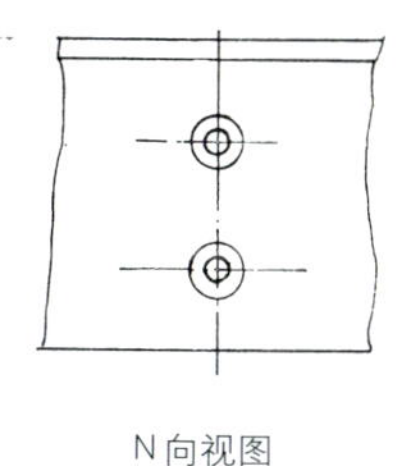

N 向视图

图 1

从窗口大样图中可以看出，设计中采用金属材料是普遍的。例如：角钢、槽钢、型钢材以及根据需要设计的异型金属板材、角材，对这些金属材料的选择、连接、安装设计等要求设计师不可有丝毫差错。图中除金属材料外，还使用了板材、实木材、玻璃、隔声吸声材，这些材料的有机配合、精细的工艺制作，才能充分体现设计意图，也才能做到装修后的实用与美观。

图中钢材与钢材的结合可以用点焊、铆合、螺钉、螺栓等紧固件。对这些成材要熟练地掌握，或根据需要特制紧固件。但这要求数量较多，制作简单的非标准设计。

隔声吸声材，可用型材料，有时还要现场发泡成型，这样会更加严密，达到良好的吸声效果。

金属材料除部件构成外，对零件也要特别关注，因为良好的安装结果，没有严格的尺度配合是不可能实现的。设计师要明白零件设计的重要，不仅要会选用，更应知道如何制作，同时要能表达清楚(图2)。

金属材料多数要进行表面处理，因此对面层要提出准确的要求。电镀就要酸洗钢板制件，涂漆就要做

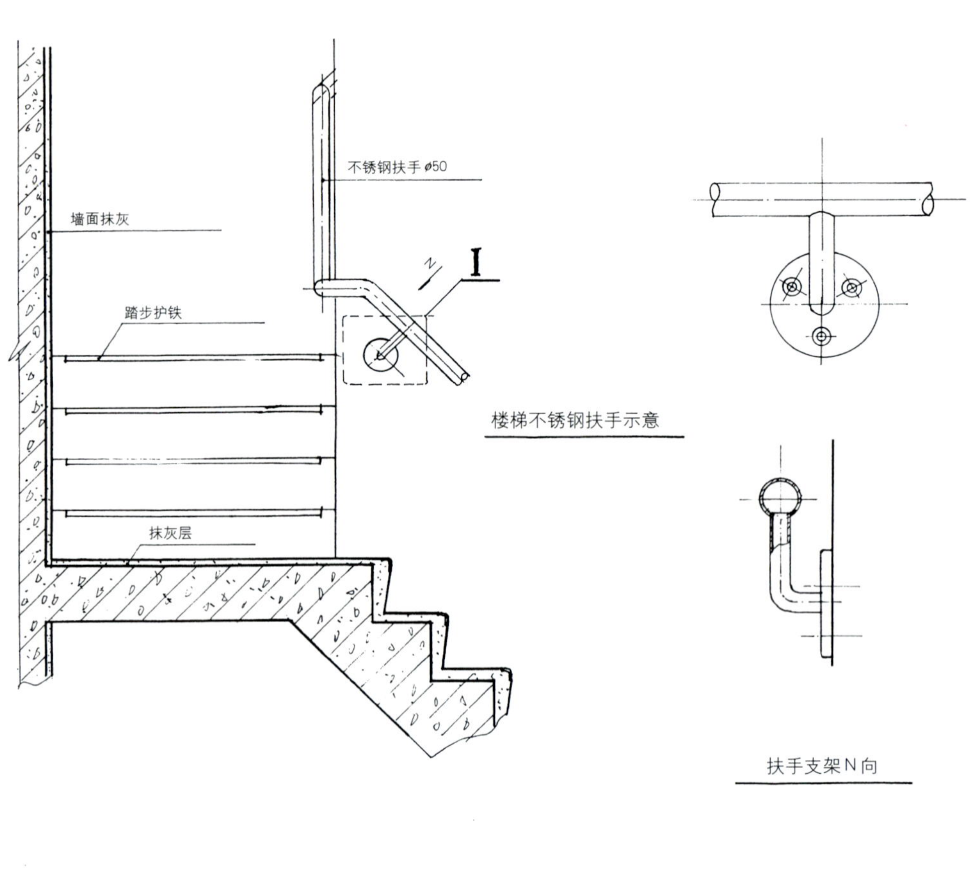

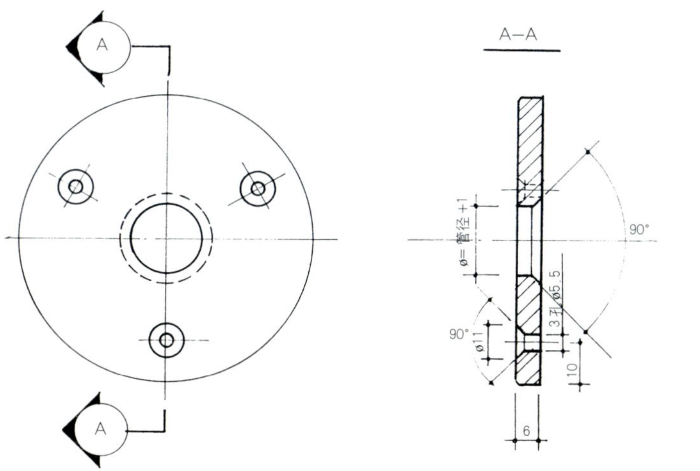

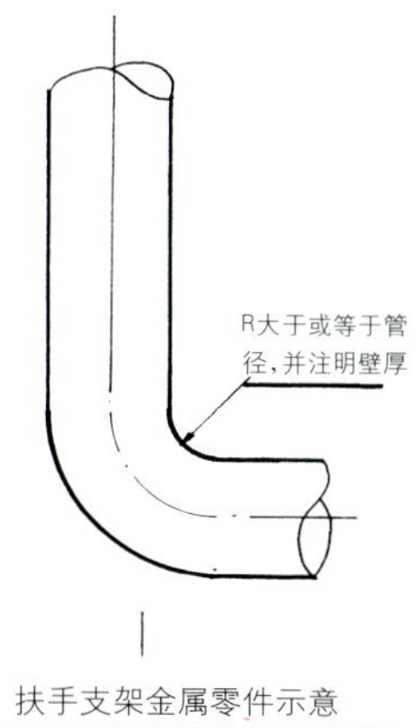

图2　Ⅰ部大样、支铁示意、钢板支铁紧固件示意、楼梯不锈钢扶手示意、扶手支架N向、扶手支架金属零件示意

防锈处理。对漆种要把握清楚，是清漆还是调和漆，是醇酸、硝基还是酚醛的。选用何种颜色等等。

平时我们所说的设计要有深度，就是指要能知道上述的内容，并能通过图纸表达出来。图纸是设计的语言，设计师不可能每一件加工制作都在现场指导，施工人员是通过图纸来了解设计内容的。说错了话要犯错误，同样画错了图也会给施工带来麻烦，甚至造成巨大的经济损失或造成严重的人身伤害事故。

金属件的加工有着严格的标准。管材配合方式有一般配合和紧密配合的区别要求，表面光洁度也有不同级别的规定，板与管、板材弯曲有最小半径限定。弯曲有冷、热弯的加工工艺……(图3)。

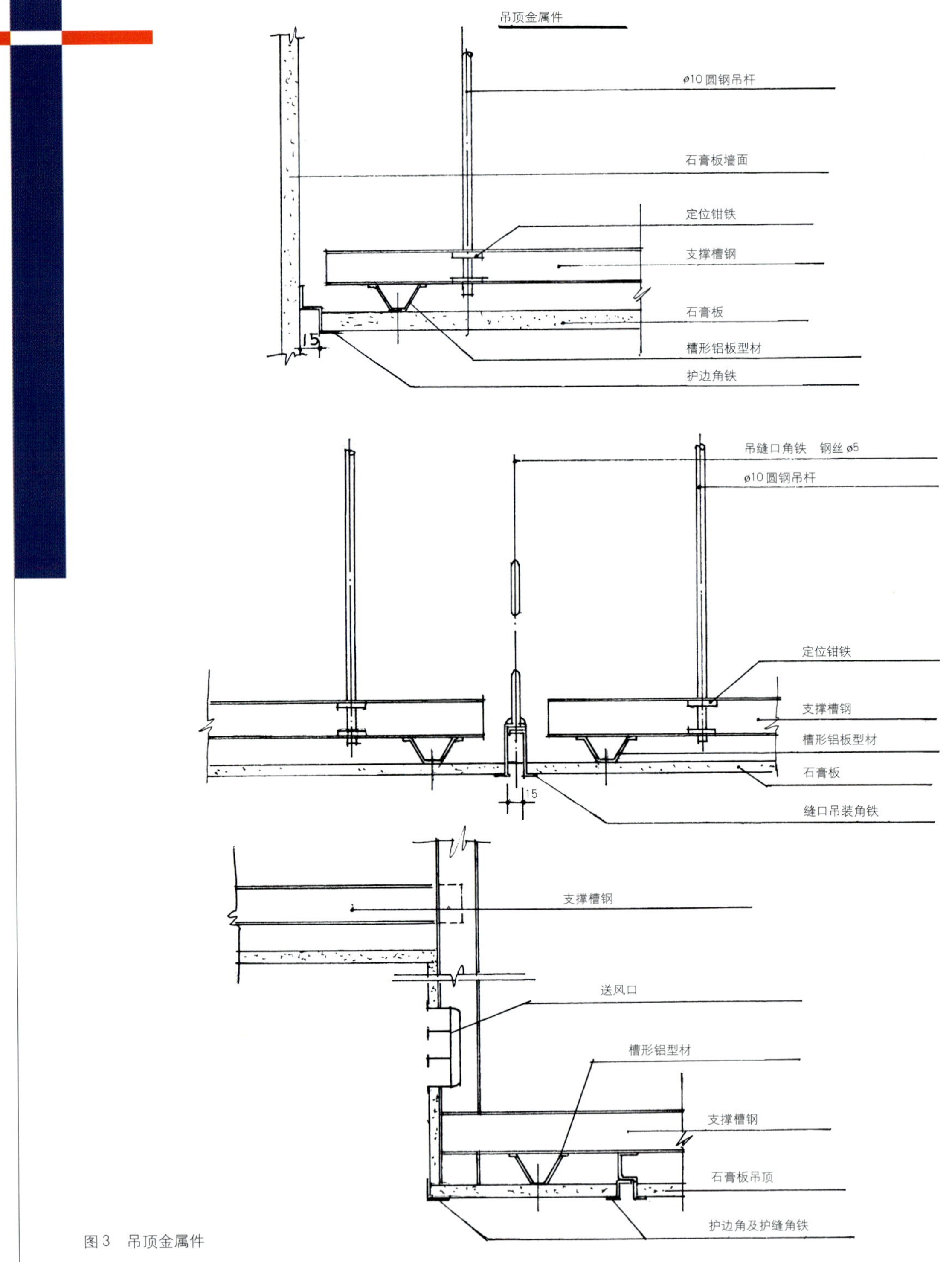

图 3　吊顶金属件

二、木材

木材在装修中是普遍使用的，所以能多了解些木材常识是室内设计师要特别重视的。由于木材特有的易于加工的特点，以及造价又比较低廉，故许多设计师都似乎不加思索地把使用木材当成“护身符”、“看家本领”。大面积的木墙面、大截面的木龙骨、木梁柱，成了许多人的家常饭。殊不知，由于木材的滥用，已严重地损害了装修业的声誉。而且，由于可持续发展的需要，树木已日渐变得不能再随便任人砍伐，特别是一些珍贵树种，要受到政府和社会的保护，因而许多高级装修已变得价高到令人咋舌的程度。木装修较多的装修效果是比较传统、古典或能体现某种庄重感，采用木色或调和漆作出某些情调。然而在追求现代、明快、简洁的今天，人们更多的是希望生活在一种天然、随意、体现更多个性的环境之中。装修不再看重木线、花饰、做作的壁面、顶面。这样，装修中大量的精力放到了精良的工艺、巧妙的构造以及选材的多样性上。

中国画强调“惜墨如金”要求画者准确到恰到好处为止，“多一分则长，少一分则短”，说的是要适度。当今，在我们使用木装修时是否也可用“惜木如金”这句话，求其慎用，用好如“金”的木料。

最近我在装修自家房屋时，采用了一种新式的门套作法，完成后，反映不错，没有用很多木材，做得较为轻巧，如图4。

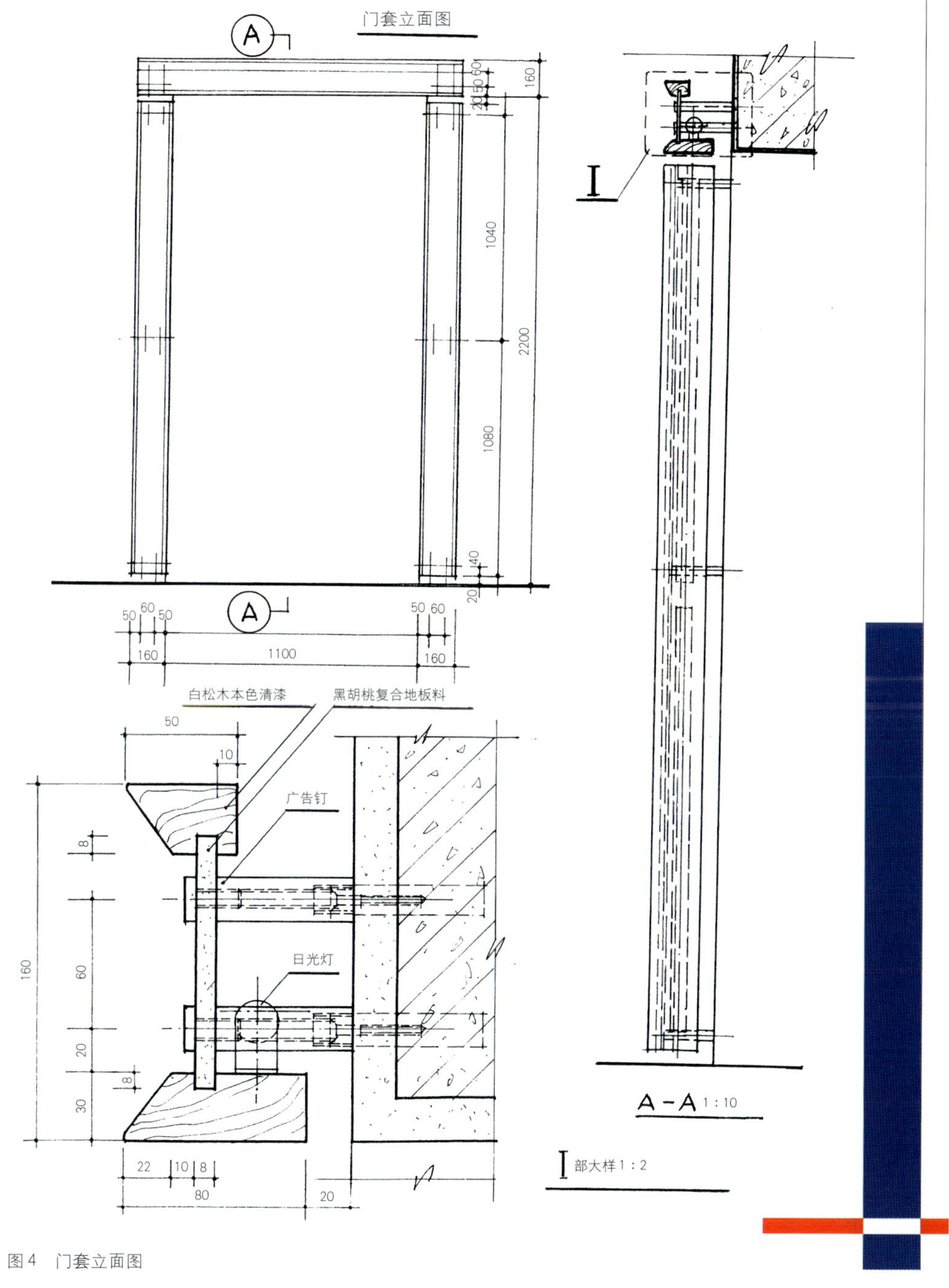

图4　门套立面图

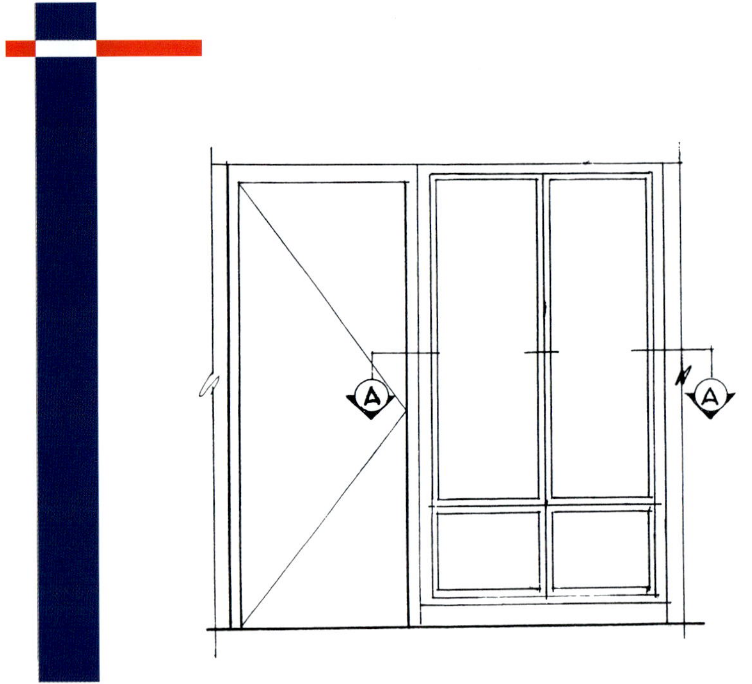

图5　实用框料，其选材可以根据室内整体装修风格而定。白松木料，曲柳木料色淡雅，或较深色的花梨木、柚木、红木等高档木材。浅色木料可做得简洁、现代，深色木料可产生古典传统的效果。但不论深色浅色，均不宜搞得繁琐和变化太多。

如今建筑的外窗多采用金属或塑钢材制作，木材已逐渐退出。但内窗，特别是门仍以木为主。门的作法和形式是很多的：木门、玻璃门、金属门、塑料门、特殊功能门等等。门是空间分隔的通道，室内设计中“门”是必须认真对待的。这里重点表述一下木门的几种作法(图5)。

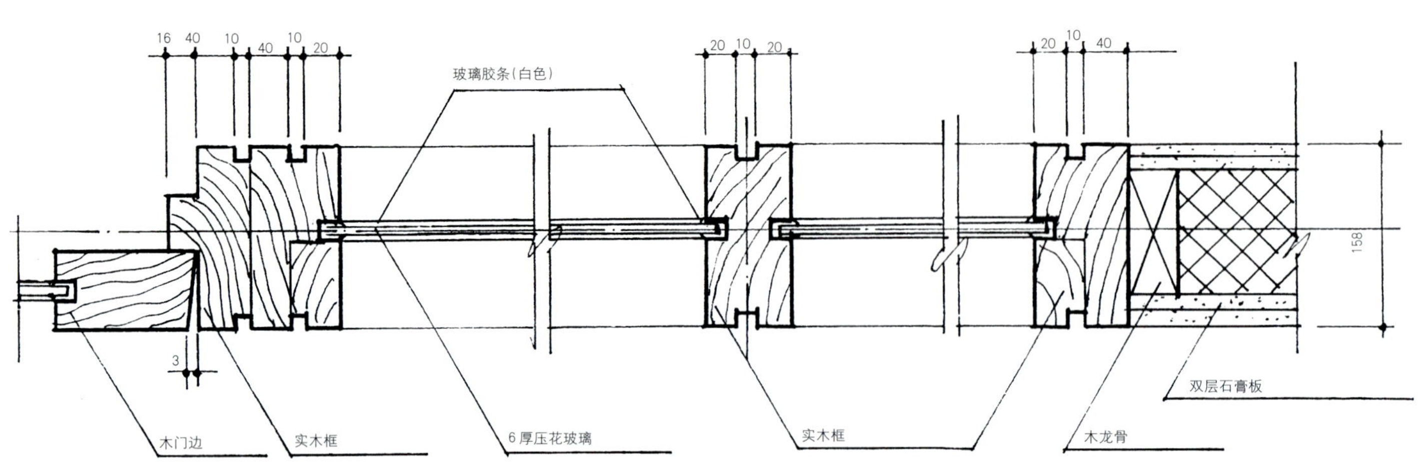

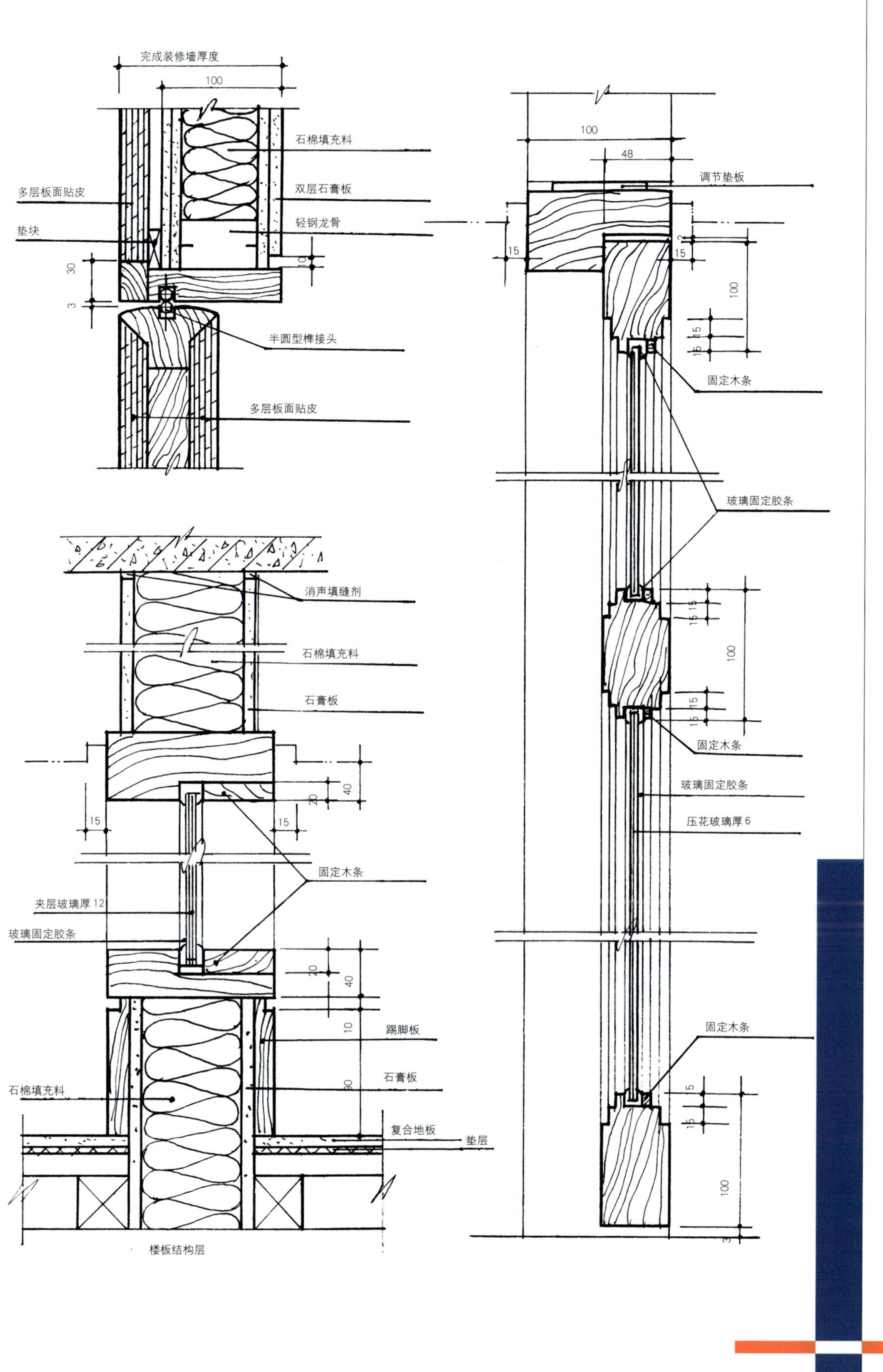
完成装修墙厚度
100
石棉填充料
多层板面贴皮
双层石膏板
垫块
轻钢龙骨
半圆型榫接头
多层板面贴皮
消声填缝剂
石棉填充料
石膏板
固定木条
夹层玻璃厚 12
玻璃固定胶条
踢脚板
石膏板
石棉填充料
复合地板
垫层
楼板结构层
100
48
调节垫板
固定木条
玻璃固定胶条
固定木条
玻璃固定胶条
压花玻璃厚 6
固定木条

三、石材

用石材“装修”房屋始于远古时代。那时人类祖先生活在山洞、地穴之中，石头记述了人类早期的生死与兴衰、喜怒与哀乐。人类热爱大自然与人类是大自然不可分割的成员有着密切的关系。木与石都是自然之物，人类不可失去。建筑有纯木制，也有纯石制的，各种木屋与石房时至今日仍与人类相伴，只不过用它的方式方法有了某些变化。我们用木材与石材装修生活住所不要使其失却亲切感。记得1980年代初我们做人民大会堂河北厅改造工程，用大块“汉白玉”作成人物浮雕做壁面装饰，收到了很好的效果。还有1988年我做威海一个疗养院的装修工程，用方块毛石砌一面外墙，由于大小高低的变化，产生了良好的光影效果，也被大家所肯定。其实现在想来都是因为把握住了石材的特性，把空间处理得更人性化的结果。现在许多装修工程无论室内还是室外，都大量使用了石材、或壁面或梁柱、或细腻或粗犷，自然也就有了不同的效果。

无论何种材料，只有用的适度才会让人感到亲切，空间也才有吸引力。当然由于石材较坚硬、沉重，使用时应注意面层处理和安装方式。现在有些工程，不分工程性质与使用部位盲目地大量使用磨光石料，给使用者带来许多苦恼和不便。作为设计师要严格掌握手中之笔，真正做到物用其所，人得其乐。

图6是一个柜台的设计图，由石台面和石板立面以及木工作台组成。台面与立面安装有支铁、挂铁等钢板加工件将石材托住或挂住，以确保其安全牢固。这里每一个金属件的使用都要清楚所选板材的性能、加工方式和特点，安装时是何种紧固连接方法。有预埋件的一定要事先预埋定位，要拴接的一定要留好孔位，不仅要能安装方便，还要能便于更换、拆卸。

我由于工作关系，接触过许多国外设计师做的工程设计图纸。有的是产品设计图，也有装修工程图，深为他们图纸表达的深度所折服，也为我们的许多工程图纸之浮浅所困惑。为什么这样！当我们感叹国外一些设计公司取费之高时，请不要忘记因为那是真正工程的依据，没有它，工程就无从读起。那些细致准确、认真而又深刻的图纸不仅图面完整而且构造详图清晰。设计说明条理清楚，要求明确，绝无随意性、戏剧性及偶然性……

经常可以发现，我们的一些装修工程设计图纸由于构造图的不详细，或者节点大样的误画，至使施工人员无所适从而索性任意操作，按“习惯”作法应付了事。这种对工程不负责任的作法，说明这个行业的不成熟，缺乏严格的规章制度，迫切需要管理部门从实际出发，出台相关有惩罚力度的文件。使行业走向规范化。

为了提高我国装修业的整体素质，首先应从设计部门作起，提倡优质设计，批评劣质设计，直至杜绝“非设计”工程的蔓延。这里重要的工作是

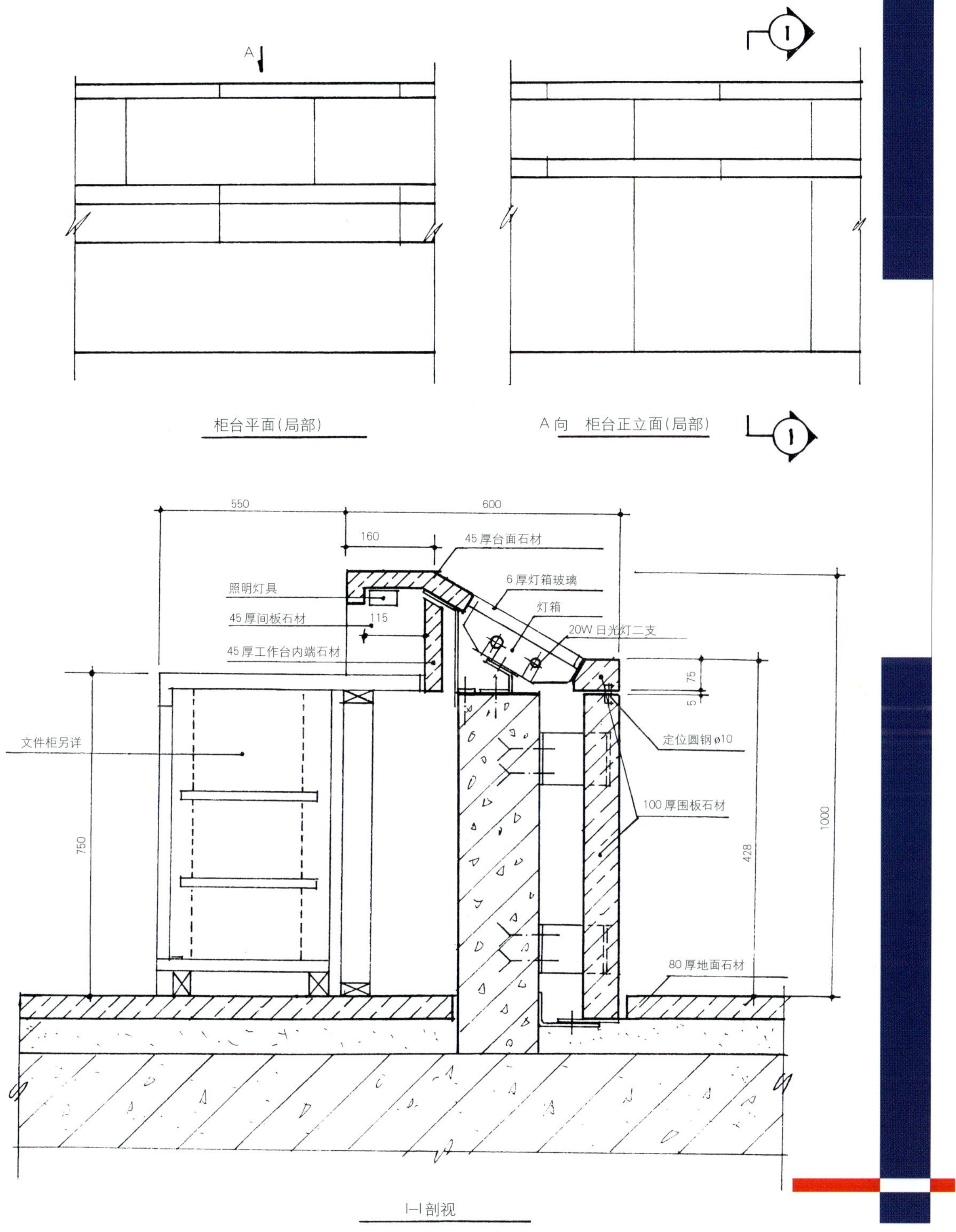

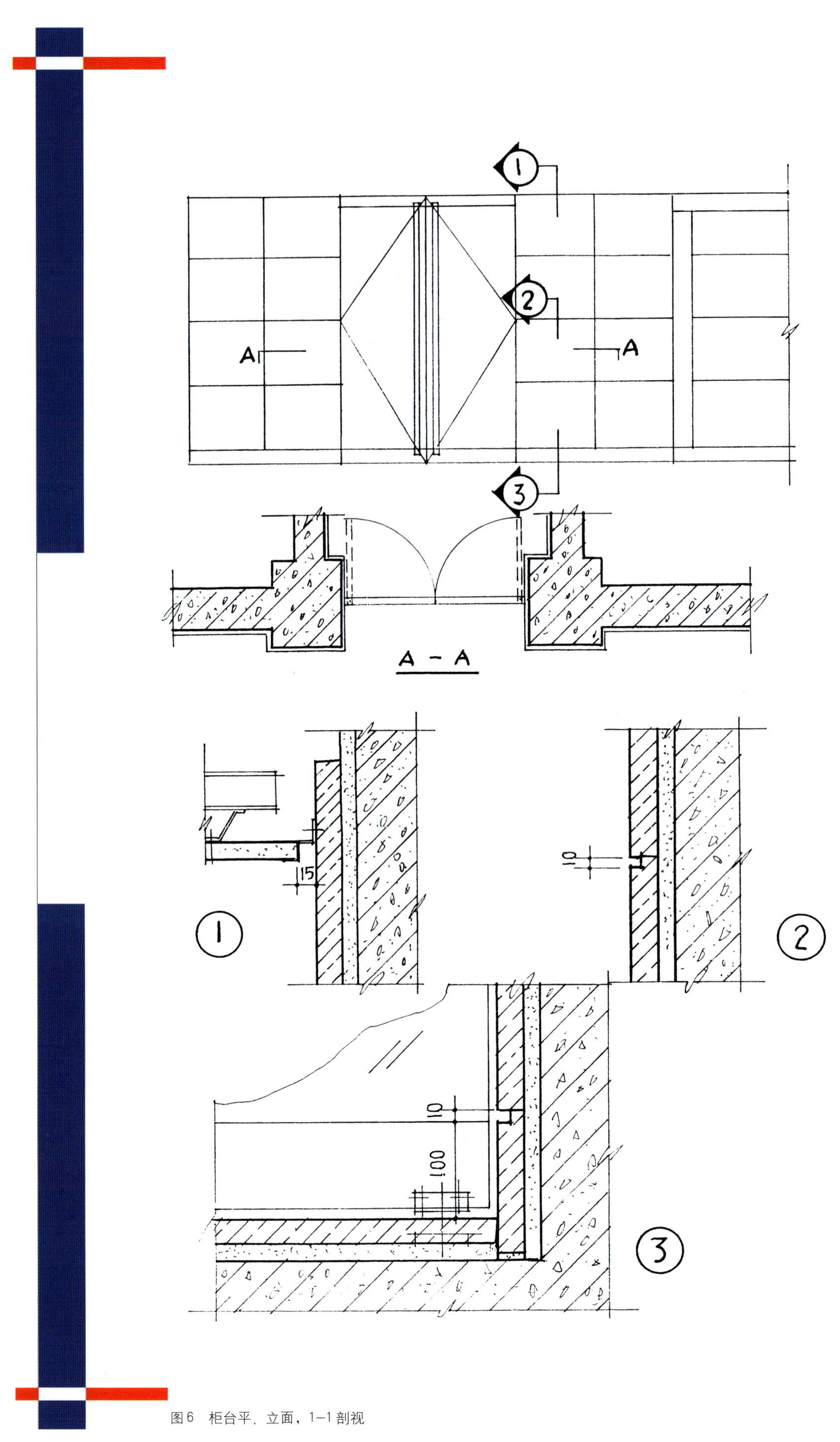

图6　柜台平、立面，1—1剖视

严格把住设计图纸的审批关，不合格的设计图不得用于工程施工。不会画工程图的“设计师”调离设计岗位，责任心不强的或不会说“工程话”的设计师要加强培训，然后再逐步展开对施工部门的认真负责任的整顿。经过数年或更多些时间，争取把我国装修市场搞得水清石洁，真的与国际接轨。

最后，我还想谈一下“量”的问题。曾经与海外的同行闲谈，他们对我们国内装修市场之大，表现出无限感慨：“想不到你们都在做几千、上万平米的装修工程，真不简单”。是啊！中国有着世界上最大的装修市场，关键是我们如何去对待它。许多年青的设计师热衷于比“大”，这倒有点像上个世纪60年代发生的那场“大革命”时的画家作画，一搞就是几十平米甚至上百平米的大画，几个人用了个把月就完成了，但却毫无深度，无精致而言，无非是“追风”而已，无能力又想去表现自己。“风”一过，连一片树叶都留不下。

几十平米的小钟表店，作到精处也甚为不易，一个台湾同行给我看他在台北设计的一个精品店，面积不过80m^2，但那精致的展柜、货架、收银台以及别致的墙壁、简洁的顶饰，无处不体现出设计师的苦心经营。选择与构造处处有新意，工艺之精良堪称一流，这是事业与生存共同促成的结果。我们的一些设计师缺乏太多的磨炼，缺少太多的责任，缺少创造力的发挥。这不是批评，这是一种呼吁！让我们克服浮躁之心，从每一个细节做起，画好每一个构造节点，不要因小而不为，不要因多而妄为！

朱仁普
1939年生于山东。
1964年毕业于中央工艺美院建筑装饰系，1980年毕业于中央工艺美院室内设计研究生班，获硕士学位。现为北京建工学院建筑系教授，中国工业设计协会理事、资深高级室内设计师、画家。首创《中西比较室内设计》理论。

诗意的光影与空间

——杰弗里·巴瓦(Geoffrey Bawa)的建筑

文／王才强
译／朱立珊

图1

图2

杰弗里·巴瓦是亚洲最有影响的建筑师之一，于2003年5月27日去世，享年83岁。他出生在斯里兰卡。杰弗里·巴瓦曾在伦敦就读法律，在斯里兰卡首都科伦坡执业，工作两年后，他放弃了律师的职业，而成为一个热衷于旅游的人。有两年的时间，他游历远东，足迹遍及中美洲，最后到达欧洲，他为那里的建筑和园林形态所迷恋。

图3

1954年，巴瓦在伦敦就读于Architectural Associtation，又在伦敦停留了三年，毕业后返回斯里兰卡，最后在38岁开始了他职业建筑师生涯。很快他把传统和现代结合在一起的风格在斯里兰卡声名鹊起，并且极大的影响了亚洲的建筑。2001年11月，他荣获了建筑界的最高荣誉——The Age Khan Award的终生主席奖，奖励他在建筑界的贡献。他是这个奖项25年来的第三位得主，这个奖项对他的评价是："在斯里兰卡悠久多彩的历史上，一直以来都是受到外来文化的影响，有来自印度，来自阿拉伯商人，来自欧洲殖民统治者，尽管如此，他还是能够成功地把这些因素转换成新的，但却是斯里兰卡固有的风格。巴瓦继续这个传统，他的建筑是传统与现代的精致融合，东方与西方珠联璧合的产物。巴瓦创造了最适合当地的建筑，他同时运用丰富的知识创造了属于那个时代的建筑。"

我曾经拜读了巴瓦的作品，尽管我是这样认为：没有什么可以比亲临建筑物更让人激动的，但却仍然为他在照片中和草图中的作品所倾倒。在他的作品中，巴瓦建筑的标志特点便是光线与光影的和谐，开阔与围合的和谐，浓缩与膨胀的和谐，内在与外在的和谐，传统与现代的和谐。在1998～2002年我有幸三次访问斯里兰卡，工作之余亲自体验了巴瓦的杰作。参观巴瓦的建筑，是一种惊喜和欢愉。通过参与其间得到的体验，像所有的杰出建筑师的作品一样，他的建筑超越了纯粹的功能约束，使在其中如参与艺术庆典般激动。

对于巴瓦，每一件作品都是有依据的。对他而言，“每一件作品都是不同的，每一项目的追求也是不同的。每件作品的地形、目的、环境都要求一种彻底的投入。”他可能会根据一个建筑物的功能要求来诱发他的设计理念，这种对内容的升华，来龙去脉围绕着地形、天气、居民、传统、历史和当地的其他条件，给他具体的形态、结构和表情。

在 Lunuganga 从他建造的乡间别墅(图1、2)一直到度假酒店(图3、4)，巴瓦一直对现场作认真的考察后得出一种构思，在尊重当地特质的同时，建筑物同环境和谐相处，相互提升。当地自然的地形和植物的方式以及在景观上能够开发的特质都能够融入到建筑的设计理念之中。Ruhunu 大学，就是他的这种理念的代表作之一。这所大学坐落在南海岸的三个山丘之上，山丘俯视着海滨，他的理念达到同环境和气候的最完整的和谐。同样的这种理念也体现在灯塔酒店(图5、6、7、8)。这个酒店坐落在陡峭的岩石上，是他体现设计理念的另一件杰作。

图4

图5

图6

巴瓦对于现场和气候的尊重同时体现在把四周的环境同建筑结合在一起，使内涵与外延有机地结合在一起成为和谐的整体。外在与内在明确的界限被打破。巨型的屋顶，可以提供足够的遮阳空间，同时也很舒适，并给人不同层次的空间感受。整个景观作为建筑物内室的一部分，仿佛建筑物自身镶在景观中，同树木、边缘以及水源自然地结合在一起，同时，又延伸到远处的自然与人文景观中，直接将环境融入建筑中，我中有你，你中有我。他的这种建筑方式几乎永远是简约的，但却有丰富的内涵，经得起时间的考验，是永恒的建筑，永远是景观的一部分(图9、10)。

图 7

一如他的建筑一样，他对内外的有机融合，同时体现在对光影的精雕细刻上。在他所有的作品中，都有大师在舞台上的聚光灯，有时雅致，有时很眩目，有时又很克制，有时会局部的增加，突出墙壁的质感，有时将一棵树木自然的攀延的形态投影在内庭中。巴瓦是这种设计方式最出类拔萃的诠释者。他对空间和光线的运用，可以通过他的表述来理解：对于我来讲，一个建筑物要真正的被人理解，要环绕建筑观看，要徜徉其间亲自感受体验空间。从外边走来，穿过房间、过廊、庭院，再从他所处的位置环视，进而把目光投向远处的景色。然后，再从屋外，穿过房间，进入内部的空间，纵深地感受空间。庭院也好，房间也好，光线的控制都是非常重要的，从有阴影的室内空间到光线明媚的庭院，除了舒适和它的基本功能之外，为了最大限度的享受和欢愉，光线也是最重要的组成之一（图11、12）。

图8

尽管巴瓦在他的早年内心是现代派的，他曾经尝试建造现代流派中的纯白色调风格，但巴瓦非常快地意识到现实中的斯里兰卡的气候以及坎坷的经济状况，需要新的独特的方式。他于是将现

图9

图 10

图 11

代和传统融于一体，使用当地的材料和当地的能工巧匠，建造适宜本土的建筑风格。他创造的建筑风格将东方文化和西方文化有机地结合在一起，使它们达到一种和谐与永恒。从而使他的作品带给人叹为观止的现代和不可思议的古典。对于他而言，“尽管过去的历史给予我们一些启迪，但是并没有给我们解决现在问题的答案。”从他的艺术作品中，可以感受到他永远的尝试和不断更新创造的勇气和信心。即使在现有建筑的技术中，他依然在不断的尝试。一处住宅屋顶的改造就是一个例子。巴瓦发明了一个办法，将半圆形的葡萄牙式的瓷砖嵌在波浪形的水泥模具中，把两种材料之间质感的对比以及表面的纹理非常漂亮的展现出来，同时隔热层和防水层都保持的很好。

巴瓦的建筑中吸收了当地的传统，但是又毋庸质疑的现代，这一点整整影响了亚洲一代建筑精英和他们所创造的作品中。对于被认为是一个区域的“现代主义者”，他的解释是“区域主义是自然而然产生的，它来自于这个环境的需要。比如你要使用当地的材料并且把对当地的感受考虑在其中，这个建筑必然具有这个区域的特征。我并不是刻意的将作品做成区域建筑的，或是理所当然

图12

的区域主义者，我只是尽量满足要求。让我感到惊讶的是人们认为地方主义一直都是对文明的削弱，但事实并不是这样。菲利普·约翰逊建在康涅狄格州的住宅也是区域主义的作品，但看上去就好像是烂泥堆砌的茅草屋。”

在巴瓦以上的谈话中，体现了对于建筑理论以及“学说”的怀疑，他更强调以建筑自身特点来理解建筑。他很少解释自己的建筑，所以我们更需要亲身体验他的建筑，人们只要透过第一感觉直观的体验就可以体会其中的精髓，并且验证一个天才如何将朴实无华的材料精雕细凿，从而使空间以及光影充满诗意。

王才强，新加坡国立大学建筑设计、城市设计教授。

不懈的追求

——记室内建筑师叶铮

文／李书才

对叶铮的认识是从他的作品开始的，作为一名室内建筑师，在1998年就获得了新西兰羊毛局举办的中国室内设计大奖赛的优秀奖，接连几年，几乎是年年在各种设计竞赛中获奖。随着时间的推移，他的设计思想也在逐步成熟，这是他多年来通过不断的设计实践，和对新的设计理念不懈追求的结果。

设计风格的变化

纵观叶铮多年的设计作品不难看出，他在设计中所运用的形式语言是丰富的，而体现在他的作品中的设计风格也在不断地改变，他的这种变化与当时的设计环境、设计氛围是分不开的。在不同的室内空间中，根据原建筑的整体风格及业主的要求，他能够采用不同风格的设计语言来完成

图1　贵都饭店俱乐部歌舞厅

室内空间的演绎，1999年在高阳塔楼的设计中，他使用了很纯正的西洋古典主义形式语言，表达了自己的设计思想。而在同年的512-6(酒店)工程的设计中，他却又使用了另一种演变了的古典主义形式语言，那就是对古典主义形式的精炼和提纯。另外，在上海贵都饭店和崇明东滩投资开发有限公司的办公空间的室内设计中，叶铮则使用了现代主义的设计手法，体现出与前者截然不同的设计风格，使我们看到的是简约与时尚(图1、2、3、4)。

通过上述几个设计案例，可以看到叶铮在设计中能够准确把握住几种不同设计风格和形式语言的精髓，进而能够得心应手地完成不同风格的室内设计。

空间秩序的重构

近几年我国的装修装饰行业飞速发展，吸引了大量原本从事其他行业的人士加入到装修行业和室内设计队伍中来。由于这些人很少或者没有接受过本专业的培训，有些人把室内设计理解成

图2 贵都饭店俱乐部吧台

图3

崇明东滩投资开发有限公司办公室(图3、4)

图4

仅仅是一种界面的装修或装饰活动，他们在做设计时，往往只是注意到局部界面的装饰效果，在局部装饰上大做文章，形成了过度装饰，甚至造成了视觉上的污染。他们忽视了人际交往活动对空间的要求，以及整个室内空间秩序的重构。实际上这是舍本逐末的作法。

叶铮在做设计时，非常重视空间功能的合理性，他认为室内设计不是一种不受其他因素干扰，可以尽情表达自己创作灵感的艺术创作过程，而是需要更多的理性思维，来解决建筑、结构、设备等诸多方面给室内空间带来的矛盾和问题。作为一名出色的室内建筑师不仅要具备较高的艺术修养和欣赏水准，而且还必须能够协调和解决各方

图5 交谈区

图6 开放式工作区

面的矛盾和问题，创作出艺术与技术统一的室内设计作品(图5、6)。

实际上室内设计在一定程度上是在设计人们的生活，所以在动笔之前，首先应该熟悉在这个空间中人际活动的规律，以及使用功能的要求，经过归纳分析之后，做出人际流线设计，以此为依据来重构空间秩序。在崇明东滩投资开发有限公司办公空间的设计时，叶铮考虑到整个办公室的开敞与通透，在平面中设计二组动线，一斜一直，且相交于一圆一方两组不同形体建筑的叠合处，并以一个半开放、半透明的圆形作为空间转换的节点，对人流起到了很好的诱导作用，将两个不同形体的空间进行了整合，重构成为一个有机的空间秩序。

照明・质感・肌理

照明与材料的质感都是室内设计的基本元素，而最能够生动表现材料质感的就是组成材料结构的肌理。设计师为了强化装饰效果，常常采用色彩的变化或材料肌理的表现来强调设计的重点。不同的装饰材料，由于组成的肌理不同会表现出不同的质感，也就会产生不同的装饰效果，特别是天然材料的肌理更是变化无穷，往往会产生出意想不到的效果。室内设计离不开灯光照明，而照明设计首先应满足使用要求的最低照度，然后再考虑光影效果或局部重点照明来营造室内的特殊氛围。

叶铮在设计中，非常注重材料的选择，同时也注意到通过照明的设计加强材料质感的表现力。例如在办公空间中，局部的墙体使用玻璃墙面，强调了界面的“隔”与“透”的对比关系，也增加了空间环境中的虚实效果。在酒店俱乐部男子浴室的墙面，大面积的使用了陶瓷锦砖，并利用了地面与顶部的照明，强调了陶瓷锦砖的组织肌理，增加视觉的感染力。而在俱乐部入口的一侧墙面，叶铮采用了倾斜的竖向条纹木墙面，并用局部长方形照明与顶部照明相结合的方法，突出了木墙面肌理的组成，有力的表现出木材的质感。这种设计实例，在叶铮的设计中很多，这允分说明他已经掌握了照明设计的多重功能，不仅满足了功能照度要求，又恰到好处的将原材料的质感和肌理表现得淋漓尽致(图7、8、9、10、11、12)。

图7　台球厅入口处：用灯光照亮的不锈钢帘分隔

图8　男子浴室

图 9　休息区的水吧玻璃层板

图10 男子浴室墙面对比

图11

图12 走廊

叶铮近几年在室内设计界中十分活跃，身处上海，竞争十分激烈，但由于他对事业的执着和认真，以及作品的高水准，得到了业内外的认可，任务一直饱满，并以酒店设计为多。由于他既注重设计实践，又没放弃对设计理论的研究和追求，所以他的设计得到了很高的评价，这也说明叶铮正在逐步成熟。

李书才：1940年生，中国建筑学会室内设计分会副理事，教授。1965年毕业于中央工艺美术学院室内设计系，先后在北京市北郊木材厂(现天坛家具公司)、北京市木材工业研究所、北京建筑工程学院从事家具设计研究、室内设计与教学工作。

曾参加了人民大会堂河北厅、中国剧院、金融街投资广场写字楼、长江北斗号游轮及北京饭店(东楼)、香山饭店、华都饭店、前门饭店等室内设计或家具设计工作。并对“硬质聚氨酯发泡家具”、“多层胶合弯曲木家具”等进行过开发性的研究及设计工作，获两项专利。

世界图画时代的梦想与冲突

文／孙淼

摘　要：

21 世纪初的建筑界充满梦想与冲突，我们身处于矛盾与激烈的变革之中，正进入一个转型期。技术的快速变革，促使建筑学本身的概念发生了变化。在这样的建设热潮冲击下，我们必须开始对人与环境这样最本质的问题进行反思。本文通过对今天建筑界种种现象、设计实例的分析，概括了世界图画时代的主要特征。同时，介绍了在反思过程中的建筑学理论基础，也分析了建筑师们在探索中的一些作品。最后对未来的发展趋势阐述了个人的理解。

关键词：大跃进　后现代社会　世界图画时代　建筑现象学　虚拟网络

Abstract:

Our Architecture theme is dream and conflict at the beginning of 21st century. This is also a conversion time. With the rapid innovation of science and technology, the concept of architecture had been changed. We must rethink the essential problem about human and environment. In this context, this essay analyses all kinds of the social phenomenon on architecture, introduces some projects, and summarize the main feature of architecture. Furthermore, Phenomenology of Architectuer should be considered as the basic of academis study. At the same time, Our architects are searching for a new way and design a lot of positive works. At last, the article forecasts the intending trend in the field of architecture.

Keywords: Great Leap Forward　Post-modernism　Age of World Image　Phenomenology of Architecture　Virtual Net

Dreams and Conflicts in the Age of World Picture

2003年6月22日，巴黎蓬皮杜中心的文学沙龙举办了一个哲学圆桌会，题目为“现实的荒漠”，这是为正在全球上映的《黑客帝国Ⅱ》而召开的。《Le nouvel Observdateur》杂志说：“《黑客帝国》系列突然唤醒了人们十几年沉积下来的对哲学的诠释热情，柏拉图、康德、笛卡尔、尼采、超验主义和后现代理论都被赶到集市上，思想被不同口味的人放上不同的摊位……”

我不想探讨影片本身是否达到这样一个哲学高度，但我们必须面对的现实是：世界已经变为一幅“图画”，画的内容包含所有在今天可以被称之为“时尚”的事物，哲学是其中之一，在这里哲学所拥有的只是“扁平的深度”，然而对于建筑师来说，更不幸的是，建筑也开始成为画中的一个部分。海德格尔曾有过这样的论述，“整体存在者——世界——正变成一幅图画，人们只知道固守自己主体的立场，而把人自己也应该身在其中的‘世界’完全当做一幅摆在面前的图画把握。”

我们进入了世界图画时代。

当世界变成图画

今天，我们开始了一次不同于以往任何时期的大跃进，这是世界图画时代最显著的特征之一。毫无疑问，这是一场全球化的运动，而中国冲在了最前面。很多国外的建筑师或事务所都不辞辛苦帮助中国搞建设。安德鲁、库哈斯、KPF、赫尔佐格和德穆隆……大家情绪高涨，积极投入到中国建筑业的现代化事业中来。

首先需要说明的是，这里所指的跃进，绝不仅仅是数量上的，同时也是意识上的失控，其范围也不局限于中国，尽管中国已成为世界著名建筑师前所未有的试验场。上世纪90年代，大批明星建筑师涌现出来，在世界各地进行着他们的实验。许多标志性的，被称之为“划时代的作品”突然出现在“最不可能的地方”，像机场、办公总部、博物馆、大学……接下来会怎样？建筑的黄金时代已经到来了吗？

毕尔巴鄂博物馆曾经是20世纪90年代最引人注目的项目之一，1997年开放的时候每月吸引游客超过10万人，而直到旅游业并不兴盛的2002年仍然接待了8.5万名参观者。实际上，弗兰克·盖里的这个杰作有很多不尽人意的地方。很多人认为与盖里早期的作品相比，毕尔巴鄂博物馆缺少的是“一种真正激进并且率真质朴的表达”。然而，它已经成为一个城市的标志，政府在资金上的大力支持正是出于这样一种考虑。“我们需要的是让

模仿国家大剧院的富力城售楼处

人大吃一惊的建筑，一种权力意志的体现。”在现代艺术走入困境的今天，许多博物馆都在探索类似“毕尔巴鄂效应”的道路。

建筑在那一刻炫耀着令人嫉妒的优势：那些被称之为“先锋派”的作品其实是名副其实的大众化和市场化的，它不仅属于学术界，也同样属于大众。我们的开发商正不迫不及待地建造一些新建筑，使之成为城市的象征，使这座城市成为世界的焦点。

事实上，国内的很多大城市也积极投身到这场建设热潮中来，而且相比国外的项目有过之而无不及。国家大剧院是个开端，到今天的CCTV总部、国家体育场、国家游泳中心的方案公布，我们注意到某些从不刊登有关建筑文章的媒体也在大肆宣传和报道。新建筑正成为一种时尚，我们对它的关注开始超过时装、音乐和电影。虽然很少有观众能说清楚那些作品的水平高低，但今天的建筑

就像看一场时装发布会，我们不必理会为什么要这样，只要知道今年流行什么，这就够了。

大跃进的出现是后现代社会发展到一个趋于极端阶段的写照。我们多年来从未停止过对后现代的讨论，然而这丝毫没有阻止后现代消费文化失控式的发展，我们曾经概括的词汇如多元化的、矛盾的、缺乏深度等等都不足以描述今天的社会状况。在我看来，建筑正成为信息消费文化最重要的载体，根本的原因在于我们对人的行为方式与精神世界反思的不断深入。而梦想与冲突正是这一背景下的集中表现。

被称为“西方建筑界一面旗帜”的雷姆·库哈斯是一个突出的代表人物。CCTV总部大楼方案公布之后，引起社会各界激烈的争论。我不想做更多的评价，我只是认为这样一个建筑恰到好处地印证了北京是大跃进时期的一个“拼接城市”的说法。库哈斯并没有质疑该项目的选址、周围的环境及项目本身的必要性，而是“老老实实”地做了这样一个建筑，它与我们社会主义建设高潮期的需求是如此的合拍，它将是北京的标志，是权力意志的、时尚的、各种矛盾冲突的集中体现。恐怕这就是库哈斯初次来到中国竞标便首战告捷，而矶崎新大师对中国的建设事业满腔热忱却屡战屡败的原因之一。

库哈斯的另一个作品Prada纽约店似乎更具讽刺意味。Prada 纽约店试图创造一种文化氛围，Shopping与非Shopping的活动并存，这是众多时尚品牌都在进行的尝试，也是库哈斯理论的集中体现，“如今的豪华已不再是使用多少高级的材料，而是运用新的技术，给人一种豪华的体验。”

“时尚品牌＋明星建筑师”在今天已经成为一种模式，在全世界蔓延开来。例如皮亚诺的Hermes东京店，青木淳的Louis Vuitton名古屋店和银座店，妹岛和世的Opaque银座店等等。建筑已变为一种符号的表达，我们分不清它与时尚的界限，正如库哈斯所说，“空间，也是一种市场手段。”

当人成为主体

“世界成为图画，人成为主体，现时代这两种决定性事件交相为用，……世界越广泛有效地作为屈服者听命于人的摆布，主体越是作为主体出现，主体的姿态越是蛮横急躁，人对世界的观察，人对世界的学说，也就越成为关于人自己的学说……”，这是海德格尔在上世纪对社会的评判。今天我们盲目崇拜科学技术，用文化来说明一切，直至产生了文化政治，个人主义和集体主义不加遏制地趋于极端等等，这正是现时代世界变成图画之后必然要产生的种种现象和悲剧。毫无疑问存在主义、现象学引起了我们的反思，20世纪70年代以来舒尔茨的建筑现象学更是影响了相当多的西方建筑师，随着近来相关著作的翻译出版，国内普遍兴起对于现象学的关注。

在西方建筑界，斯蒂文·霍尔是一个突出的代表。在我看来，他具有当年文丘里、格雷夫斯般的开拓者的勇气与批判精神。他的麻省理工学院学生公寓(Simmons Hall,MIT)，也是去年威尼斯建筑双年展的参展作品，给人留下难以忘却的深刻震撼。形式只是一个方面，他的设计思路是类似“Matrix”的幻想，我不知道霍尔是否受到了电影《黑客帝国》的启发，但的确这个作品反映出他对虚拟空间的认识。当方案讨论还在进行中的时候，MIT的学生、教育和管理层表达了他们对新公寓的期望。在这些讨论中，无论是从与社区的关系还是从建筑本身来看，“开放”都成为了关键词。“多孔性”和“渗透性”成为了处理建筑内部和外部的主导性隐喻。但如何展开这个图表式隐喻(diagrammatic metapnors)呢？

Simmons公寓乍一看像一个被切成相互联系的三个塔并贴了方孔材质的巨大的混凝土网格。部分体量被掏空形成悬挑区域，整体上看像是一个相互连接的巨大的谜(puzzle)：它是直的而不是曲的，混凝土的而不是砖的，棱角分明的而不是有机的，视觉的(optic)而不是触觉的(haptic)。在白天，18英尺进深的网格保证2平方英尺的窗户的

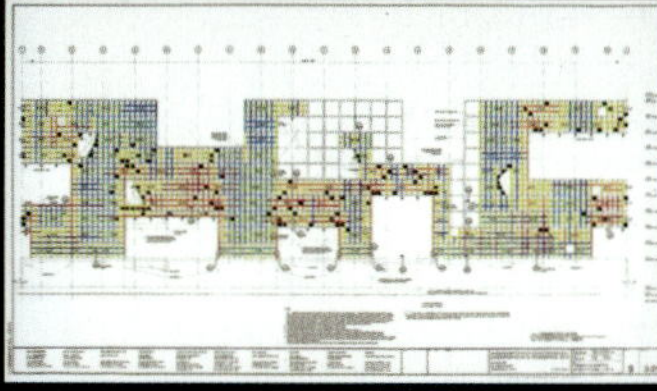

国家体育场“鸟巢”

国家游泳中心中标方案“水立方”

遮阳，有些方格用混凝土填实，还有一些是异形的，很多侧柱被刷上颜色形成主要的彩色图案，当人移动到侧面的时候就显得更加明显了。所以建筑看上去就好像是浮动的格栅，从银灰色变成了彩色的，同时这也导致了室内的一些变化，这是一种非常现代的(up-dated)对方形的礼赞。结构的外骨架(exoskeleton)使得颇具戏剧性的悬挑跨度得以实现，这种结构体系还为在窗侧墙涂的颜色提供了逻辑依据。建造前的计算机分析图显示了结构以及相关的设备构件所承受的荷载存在非常大的差异，Simpson Gumpertz & Heger 提供了一张用颜色区别简明的受力示意图。蓝色表示压力最小的区域，黄色表示稍大的层次，红色表示最大的压力，这张富有表现力的分析图被用作颜色配置的参照。

霍尔说他的多孔性空间有两个层次，一是体块上的开口，一共有五个，大致对应于入口、视廊和户外活动屋面。二是那些液态的公共空间，这些空间是楼梯和传统走廊的放大，可作为学习和社交功用。霍尔将它们比喻为这个建筑的肺，提供光线和空气。

正如现象学中把意识与意识所指的对象作为一个整体去思考，霍尔在这个作品中的空间处理，包括色彩的配置正体现了这样一种研究方法，表达了建筑师对于人的生活与交流方式的理解。或许霍尔本人并没有运用现象学去指导自己的设计思想，而仅仅利用现象学给建筑一个哲学上的诠释。但Simmons公寓向我们传递了这样一种精神：“场所是具化人们生活方式的艺术品。”霍尔准确把握住这一点，而对场所的改变没有超出一个适合的“容量”，因此使建筑保持了生机与活力。

对建筑现象学的关注有助于我们理解人与环境之间的本质问题，进而从根本上找到解决问题的方法。这正是我们大跃进时代所缺乏的。越来越多的建筑师开始了反思与探索，当然他们未必都把现象学作为他们的理论，近几年颇受关注的2001年普利茨克奖得主赫尔佐格和德穆隆就是他们中杰出的代表。

国家体育场“鸟巢”方案的公布引得更多人对建筑的意义作出一番评价，我以为关键在于这一建筑给人带来的归属感，表现出一种“诗意的安居”。它是“具化人们生活方式的艺术品”的极具说服力的印证。毫无疑问，赫尔佐格和德穆隆思考问题的出发点正是现象学的根本出发点。就像赫尔佐格(Jacques Herzog)本人所说：“建筑就是建筑，它不能像一本书一样阅读；它不像美术馆中的艺术品具有标题和荣誉。从这种意义上来说，我们完全反对表象化(anti-representational)，我们的建筑的力量在于对观众最直接的、内心的冲击。”

相对于“鸟巢”来说，我认为赫尔佐格和德穆隆的另一作品更值得我们深刻思考。他们在巴黎设计的瑞士路17号居民楼，共57套住宅。在原有基础上，在院子中间新建一个条形的三层住宅。建筑外立面采用黑色的金属百叶窗，与欧洲的传统手法很像，但却别出心裁地采用纵向开窗，在打开、闭合的过程，外立面产生一种秩序感，或者说建筑的表情有了新的变化。在新住宅楼区，建筑师采用了木质百叶卷帘，优美的弧线使人无论从哪个角度都觉得赏心悦目，或者像赫尔佐格所说，是一种直接发自内心的冲击，它不是由巨大的体量，夸张的形式带来的，而是设计师创造出的生活空间，一种具有亲和力、充满变化的场所给人的享受。入口处或许显得偏暗，但恰好突出了小院中的明亮。木质百叶卷帘本身的质感，或开闭形成的起伏变化，阳光透过百叶产生的朦胧效果，贯通的走廊，准确的适宜的尺度……这一切构成了我们前面提到的场所精神。建筑为人与人，人与环境之间的交流提供了可能。这或许就是赫尔佐格和德穆隆对我们大跃进时代的反思。

从建筑本身来说，它并不算完美，但它所表达的对社会的思考值得我们研究，尤其值得国内的建筑师借鉴。菊儿胡同的改造曾赢得满堂喝彩，然而吴良镛先生仍然没有创造出一个真正适合今天老百姓生活方式的新型住宅，在建筑给人的归属感方面这一项目作的并不成功。最近在北京老城

区的危旧房改造工程中，一批已经竣工的经济适用房和前面提到的巴黎的住宅改造形成鲜明的对比。我们的标志性建筑引发了那么多争议，为什么对于住宅建设却不给予更多的关注呢？“在我们这个匮乏的时代，关于住房紧张的议论所在皆是……但住房紧张无论有多么严重紧迫，都不是安居的真正困境……真正的困境在于凡人一再地追求安居的本质，在于他们必须先学会安居。”我们正面临无家可归的困境，而可悲的是我们并没有将其作为一种困境来思考。在今天的建设热潮中，我们的建筑是进步了，还是倒退了？“贫富差距”是缩小了，还是扩大了？

梦想与冲突

2003年6月15日开幕的威尼斯艺术双年展主题为“梦想与冲突”，它反映出“世界图画”中不同文化力量的渗透、切入与交织，而这恰恰是全球化不断扩张的今天最主要的特征。我们对建筑学未来发展道路的探索，正是在这一背景下展开的。在“人成为主体”的社会中，人的生活方式究竟发生了怎样的变化，它将直接影响今后建筑学发展的方向。

必须承认日本是超前的，当然这是以科学技术的飞速发展作为前提的，例如日本人创造的DoCoMo奇迹至少比美国超前了五年，我们应当看到它绝不仅仅是一个信息消费时代的现象，它意味着人们生活方式的变革。很多日本建筑师都敏锐地意识到这一问题，并开始一系列具有前瞻性的探索。

2002年上海双年展，伊东丰雄的作品《塑料瓶建筑—01》展现了他在纸筒、竹夹合板等之后新材料的探索。600ml的可乐瓶通过有机玻璃盒子连接节点，建造了一个半圆拱，靠一些连接在梁上的钓鱼线维持。伊东丰雄这件作品的意义不仅仅是新材料的探索，他创造了一个场所，这是对人生活方式的思考，而可乐瓶作为一个媒介，传递了动态、快速、廉价、网络等信息。

在2002年威尼斯建筑双年展上，他的作品Relaxation Park更加深刻和具有超前意识，一个极富流动感和生命力的建筑模型。像卷起的梭形的树叶，而它的表皮与清晰的结构又像某种昆虫。如伊东本人所说，这是“存在流动价值的建筑，流动价值是指对外部环境变化能够产生互动的因素……建筑应该是链接周围万物的纽带。”伊东丰雄的这种观点正是未来建筑的一种趋向。“信息时代的网络是人工创造的第二自然，现代人应把电子网络作为身体网络的一部分加以意识。”这一论述与库哈斯的理论有很多相似之处，只不过采用不同表达方式。

其实并不只有国外的建筑师在做这方面的尝试，我注意到国内的某些地产商对于概念的炒作是超前的。例如“万科青春家园”颇为人性化的广告词，虽然我并不喜欢那些建筑，“如果人居的现代化只换来淡漠和冰冷，那么它将一文不值，我们深信家的本质是内心的归宿，而真诚的关怀和亲近则是最好的人际原则。多年来，我们努力营造充满人情味的服务气质和社区氛围……正如你之所

见”。万科的开发商甚至试图通过建筑这个载体建立一种新型的人际关系，为我们展示了一个高度人性化的小区。遗憾的是建筑本身并没有很好的体现这一点。

2003年房地产业经历了前所未有的严峻考验，首先是SARS的蔓延，引发了社会对健康住宅的讨论，紧接着就是央行急功近利地调整信贷政策防范金融风险，这其实是大跃进时期不可避免的“阵痛”。地产商在生死存亡的关头也不得不冷静地思考今后的路应该走向何方。潘石屹在北大光华管理学院讲课时说，好的公司应该像水一样。我认为如此比喻极为准确而深刻。当然这一阐述容纳了多重含义，但最重要的一点即我们的观念必须是动态的，能够顺应形式不断调整转变，同时要具有“净化”自身的能力，去掉那些浮躁的“杂质”，思考最本质的问题，即从传统的盖房子的观念转向创造新的健康的社区。已经有人开始了这样的尝试，我认为这就是一种观念上的进步，也完全顺应了未来发展的趋势。

我们今天的建筑师在进行不断的反思与探索，对于他们的作品似乎已不能用现代或后现代来加以划分，我们不如把今天的建筑归为两类：一部分在编织梦想，努力化解冲突；另一部分在制造冲突，试图使梦想破灭。梦想和冲突正是我们这个世界图画时代的两大主题，也是前进的动力。

虽然这是一个没有大师的年代，我们很难找出一面类似勒·柯布西耶的旗帜带领我们前进，但历史的轮回把我们推向了与20世纪初极为相似的时期——一场激动人心的建筑革命已经开始，一个全新的时代即将到来。

让我们借用《走向新建筑》中的一段话来描述我们今天的建筑界：

“……

所有的价值都将重新估计，对于什么是建筑的概念已经发生革命。

……

在现代的精神状态与古老的沉闷思想的残余之间存在着一个巨大的矛盾，社会充满着强烈的愿望去获得能得到或不能得到的东西，一切都在那里，一切都要看人们所作的努力和人们对这些危险的征兆所关心的程度。

要么进行建筑，要么进行革命。

革命是可以避免的。”

参考文献

1. 长谷川裕子(日). 关于城市的变异. 《时代建筑》2003/01
2. 海德格尔. 人，诗意地安居. 广西师范大学出版社
3. 海德格尔. 世界图画的时代.
4. Arthur Lubow. How Architecture Rediscovered the Future.
5. Brian Libby. Reevaluating Postmodernism.
6. Steven Holl — Homage to the Square:Simmons Hall. MIT(翻译：jdify 和 QFWFQ).
7. 方振宁. 伊东丰雄：渴望速朽. 《青年视觉》2003/02
8. 刘先觉主编. 现代建筑理论. 《三联生活周刊》247 期
9. 苗炜. 黑客帝国哲学. 《三联生活周刊》247 期
10. 勒·柯布西耶. 走向新建筑. 中国建筑工业出版社
11. 王岳川. 后现代主义文化逻辑.
12. 伍江. 2002 上海双年展策展杂感. 《时代建筑》2003/01
13. 朱涛. 信息消费时代的都市奇观.
14. 朱亦民. 库哈斯与荷兰性.
15. T.伍尔芙(美). 后现代建筑的趋向.

孙森，北京服装学院环境艺术设计专业硕士研究生
主要研究方向：北京城市色彩景观的发展与探索

资 讯

莱姆·库哈斯设计荷兰驻德大使馆

由莱姆·库哈斯设计的荷兰驻德大使馆目前在柏林已初具规模，预期10月完工。建筑选址于Rolandufer，建在地铁隧道上，可俯瞰Spree河，极具荷兰特色。建筑呈立方体状，周围是L形的使馆人员居住区。其最重要的空间组织及建构元素是步道，它贯穿于整幢大楼中，每个部门都有自己的一支走道，且式样各不相同。柏林的重要景观亚历山大广场电视塔是它的对景。设计师大量采用了玻璃、水泥和深色木材等。步道选用铝材，办公室内则以木材为主。工程耗资近3500万欧元，延期完工近18个月。

摘自：http://www.idc.net.cn/mag1/n4/colart1615.htm

伦敦特拉法加广场重新开放

在伦敦市市长利文斯顿和诺曼·福斯特的主持下，新近改造完毕的特拉法加广场正式重新开放。

根据大伦敦议会的说法，这座广场作为英国最重要的公共区域，已经摆脱了过去交通混乱的不好形象。位于广场北边的交通设施被搬走，现有的空间进行了大幅度的绿化，并修建了新的咖啡馆和休闲设施。

最引人注目的是广场中心通向国家美术馆外修建了一座比较大的阶梯。福斯特本人在讲话中表示，对于这座主要的公共广场的改造成功感到非常高兴。

摘自：http://www.far2000.com/item/2003-07-09/2470.html

美国伊利诺伊大学开发出“智能砖头”

美国伊利诺伊大学电子和计算机工程系教授刘昌(音译)和他的研究小组宣布，研制出一种“智能砖头”，将更好地解决楼房的健康和安全问题。

刘昌说，我们生活在越来越智能的电子设备当中，但是我们居住的楼房却仍然是老样子。为了让楼房更加智能，我们设计出更加舒适和安全的建筑材料。

在伊利诺伊纳米级科技中心里，刘昌和研究生Jon Engel将传感器、数据加工、无线技术和基本的建筑材料结合起来，研制出一种多型号的装有传感器的砖头。它能够通过一个遥控器来报告楼房的状况。

“智能砖头”模型安装了电热调节器、双轴加速计、多路器、天线和池槽。安装到墙体后，这块砖头能够监控房屋的温度和通风以及晃动情况。这些信息对于失火后的摩天大楼或者地震后的搜救工作非常重要，消防队员能够根据情况控测出伤员所在地点。

刘昌说，除了砖头，传感数字加工器和无线通信装置还能安装在混凝土结构、薄板梁柱、结构钢和其他建筑材料上。

为了延长电池使用时间，砖头传送信息的频率是间隔的，而不是连续的。电池是可以充电的。这样的砖头对于医院、看护室或者老年之家来说是非常有用的。

摘自：http://www.far2000.com/item/2003-07-09/2472.html

北京国际汽车博览中心设计方案浮出水面

北京国际汽车博览中心规划设计方案于7月4日浮出水面。在首轮入选的来自美国、日本、德国、加拿大和中国5家设计公司的设计方案中，有3家方案脱颖而出，被专家评选为入围方案，将接受社会公众的广泛评审。

这3套入围方案分别为德国与加拿大的联合公司、日本以及美国的设计公司。评审委员会专家认为，这些设计方案风格多样，各具特色，但共同点是构思新颖、富有创意，给中国建筑和规划界带来很多启示。

由德国海恩建筑师事务所/加拿大B+H建筑师事务所联合体设计的汽车博览中心，拥有一个时空走廊，分别代表过去、现在和未来。汽车品牌馆位于中心的正中部位，四周则分布着汽车销售馆。给人留下深刻印象的是汽车博物馆的单体设计，其外观造型是一只明亮的眼睛，寓意开阔视野，面向世界。

在日本株式会社矶崎新工作室/鹿岛建设株式会社联合体设计的方案中，最引人注目的是汽车博物馆的单体建筑设计。其外形从正面看酷似一架浪漫的钢琴，而由于其建筑底部处于水中，从下往上看，整个博物馆则是一艘乘风破浪的巨轮。

美国TVS国际建筑设计公司的方案也可圈可点。汽车博览中心被设计成一个公园，一片城市中的绿洲。一个长距离的测试车道环绕球幕影院一圈，并穿过博物馆。这个车道可以让销售馆顾客自由测试他们所选择的车辆。

据了解，自北京国际汽车博览中心及汽车博物馆单体建筑项目决定采取国际招投标以来，先后有30家设计单位表示出投标意向。主办单位在项目运作过程中与国际惯例接轨，采

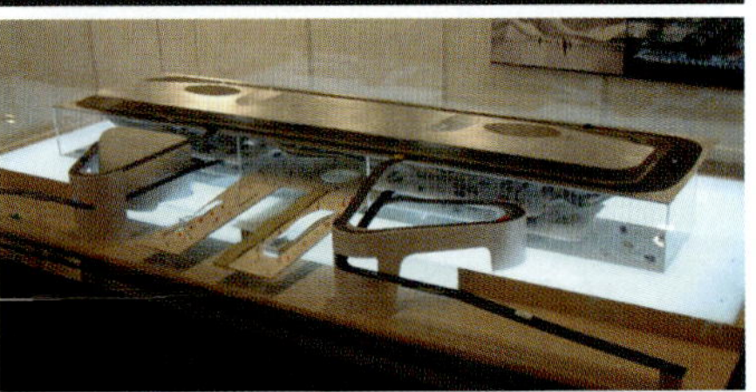

用规范的国际招投标方式，赢得了设计单位的广泛关注和热情参与。

据介绍，位于北京西南部丰台区的北京国际汽车博览中心项目，包括汽车博物馆、品牌馆、销售馆、汽车大厦和信息交流中心等主体建筑。总占地面积57.68hm²，建筑面积约52万m²，总投资约40亿元人民币。该项目将于2006年建成并投入使用，预计今年年底前完成土地拆迁和基础设施建设。

据悉，与北京国际汽车博览中心同期建设的汽车博物馆，是全国第一家汽车博物馆，占地4万m²，由常设馆和主题馆组成，其中常设馆分为历史区、当代区、未来区、科普区、娱乐区和文化区等6个区，突出展览与教育两大功能。预计2006年底或2007年初开馆营业。

北京国际汽车博览中心建设办公室负责人称，根据市总体发展战略和城市规划，北京把南城经济发展作为支持重点，因此将汽车博览中心建设地点确定在北京西南部的丰台区，希望通过此项目带动这一区域汽车、旅游、文化等产业的发展。

摘自：http://www.far2000.com/item/2003-07-11/2484.html

北京大栅栏改造方案确定 九条胡同改成步行街

占地20多公顷、经营面积约33万m²的“大栅栏国粹商业区”发展规划昨天敲定，年底前有望动工。

“大栅栏国粹商业区”北临西河沿大街，南到珠市口西大街，东起珠宝市街和粮食店街，西至煤市街，整个格局为“三纵九横”。“三纵”即为煤市街、珠宝市街和粮食店街，“九横”指的是以大栅栏商业步行街为核心的九条东西向的胡同。根据规划，“大栅栏国粹商业区”将完整保留原有的珍贵历史遗存以及清末民初的建筑风格，并在此基础上，对道路等基础设施进行升级改造，从而使现代化的硬件设施以及经营环境与原有的历史景观融为一体。

届时，作为国粹商业区核心地带的九条横向胡同将被改造成九条步行街。

摘自：北京晨报

苏州工业园区金鸡湖获　优秀奖

杰出设计奖

荣誉设计奖

荣誉设计奖

荣誉设计奖：中国苏州工业园区金鸡湖

伊恩·辛普森事务所 将设计英国最大的住宅楼

在开发商Beetham公司的授权下，伊恩·辛普森建筑师事务所开始设计47层的综合住宅楼。这座大厦位于曼彻斯特市 将包括18500m²的住宅空间、7000m²的办公空间和23000m²的饭店。

这座耗资1.5亿英镑的大厦主体高157m，如果加上尖顶部分将高达171m，它将俯瞰目前曼彻斯特最高的建筑CIS大厦(118m)，也将超过英国最高的住宅楼——伦敦的126m高的巴比坎大厦。

摘自：http://www.far2000.com/item/2003-07-09/2469.html

美国景观设计师协会(ASLA)2003年度奖得主于日前揭晓。奖项分为专业奖、里程碑奖和社区服务奖。其中专业奖项分为四个类别：设计类、分析和规划类、研究类和传播类。各类别奖项又细分为杰出奖、荣誉奖或优秀奖。

ASLA共评选出专业类奖项为一个杰出设计奖、两个荣誉设计奖、十四个优秀设计奖。杰出设计奖由S W A 设计的美国得克萨斯州Westlake Corporate Campus获得，荣誉设计奖由美国Reed Hilderbrand Associates设计的纽约市东汉普敦Hither Lane和美国Olin Partnership设计的加州洛杉矶J.Paul Getty中心获得，同时由美国EDAW设计的中国苏州工业园区金鸡湖也荣获了优秀设计奖。

ASLA专业奖设计类是为具体场地的景观设计作品而设置，包括城市设计。对于进行中的大项目，至少需要完成第一期结构工程，才有资格评奖。专业奖传播类是为了认可那些在景观设计行业内外，传播景观设计信息、景观设计欣赏、技术、理论或实践上的成就。里程碑奖是为了认可一个15～50年前就完成的项目，而其至今仍然保持着主要形式和特征，项目设计仍然保持完整。社区服务奖是为了表彰那些连续至少五年以上积极地为公共和社区服务的景观设计师、公司或者教育节目。评委团由九位专家组成，都是ASLA的会员。

摘自：http://www.far2000.com/item/2003-07-10/2473.html

国际建协新成立 “建筑与再生资源”工作组

为配合国际建协第22次世界建筑师大会(2005年6月，土耳其)的主题活动，国际建协新近成立了建筑与再生资源工作组(U I A Workgroup:Architecture and Renewable Sources)。目前国际建协共设立了23个工作组，各工作组根据本专业的特点或研究主题组办建筑学术研讨、竞赛和专业实践活动。

建筑与再生资源工作组的学术研究范围包括城市建筑环境方法论；建筑师与工程师在理

解和解读建筑与再生资源方面的教育方式与信息沟通渠道；新技术体系：建筑材料—建成实例—可以替代的方法；建筑再生资源与法律：新技术与立法的结合。

国际建协建筑与再生资源工作组秘书处设在希腊，由希腊技术协会负责，并欢迎世界各国的建筑师、工程师参加其研讨活动。

摘自：自由建筑报道

全国室内建筑师资格全面开评 首批申报人员近八百人 年内有可能再评一次

根据中国建筑学会室内设计分会《全国室内建筑师资格评审暂行办法》的规定及广大室内设计分会会员的强烈要求，经过近三年的准备，尤其是今年分会领导认真贯彻建设部领导的指示以来，加快了筹备及组织工作的步伐，全国各地会员纷纷提出申请，寄送申报材料。据悉，去年11月25日至27日进行了第一次评审，共评审申报材料近八百份。

因为此项工作刚刚正式起步，许多会员对申报的条件、申报材料的要求、申报的时间等不很明确，故近日仍有许多会员纷纷给分会打电话咨询，并强烈要求继续受理申报材料，一些专业委员会集中收集的申请表及申报材料正在邮寄途中。所以学会领导正在考虑有可能年内再评审一次。尚未申请的会员可以抓紧时间申报。有专业委员会的地区，申报表及申报材料必须交专业委员会进行初审，以免因申报材料不规范而影响评审结果。

摘自：http://www.idc.net.cn/magl/tzl.htm

84岁Utzon荣获2003年普利茨克大奖

因设计悉尼歌剧院而闻名于世的丹麦建筑师Jorn Utzon日前获得2003年度普利茨克大奖。该奖被誉为建筑界的“奥斯卡”，今年已至25届。宣布仪式上Hyatt基金主席Thomas J. Pritzker说“Utzon不仅设计了澳大利亚的象征、世上最美的建筑之一悉尼歌剧院，在他不平凡的设计生涯中，还有其他值得称道的作品，包括教堂、住宅、商业建筑等。评审团决定将该奖授予这位天才的设计师。”

目前84岁高龄的Jon Utzon已经退休，住在Majorca岛上的他为自己设计的家中，他的两个儿子继承了他的事业。他是丹麦第一位获此殊荣的设计师，也是第27位普利茨克获奖人。颁奖仪式将于5月20日在西班牙首都马德里举行。

摘自：http://www.idc.net.cn/magl/n4/colartl602.htm

西萨·佩里获今年“美国无障碍设计奖”

美国伤残退伍军人委员会宣布，西萨·佩里获得2003年“美国无障碍设计奖”。他的获奖作品是华盛顿罗纳德·里根国家机场。颁奖仪式已于4月17日举行。

据估计，未来25年内美国为行动不便的人特殊设计的需求将会持续高涨，因为美国50岁以上的人口已经达到1.15亿。“美国无障碍设计奖”2001年开始设立，专门奖励那些为行动不便人士日常生活而做出特殊设计、使他们没有行动上的障碍的个人。上一个“无障碍设计奖”的获得者是Bobvila，他也是一位建筑师。

佩里设计的华盛顿国家机场航站楼B/C于1997年7月27日开放，到2002年已经有1.32亿乘客经过这座机场。佩里出生于阿根廷，是耶鲁大学建筑学院的前任院长。1995年获得过AIA金奖，1991被评选为“美国最富影响的10大在世建筑师之一”。

摘自：http://www.idc.net.cn/magl/n4/colartl612.htm

2003年米兰家具展

4月9日～14日举行的2003年米兰家具展虽然参观人数众多，但设计师们普遍表示没有太多给人惊喜的作品。

今年参展的展商达1660家，面积15.3万m^2，聚集了不少名家作品如Philippe Starck、Lissoni、Citterio、Ross Lovegrove、Tord Boontje等。

向来以塑料家具为发展主体的著名家具品牌Kartell此次的展台色彩缤纷，有些1960年代的Pop风格。多彩条纹，天蓝色背景，顶棚上挂下的烟灰色标识，都只为推荐几位大师今年的新品。Philippe Starck继Louis Ghost座椅后，以工程热塑性材料设计了透明的小桌子Maria Antonietta和塑料椅身与软座位的Mademoiselle扶手椅。PieroLissoni以同样的材料设计了沙发。

Ross Lovegrove为意大利著名家具品牌扎诺塔设计了一款躺椅，富有雕塑感的曲线对技术和材料都是一种考验。日本设计师吉冈德仁与Driade继续合作，创作了新的桌椅系列，此设计灵感来自失重状态下的人体曲线。一家小公司Vicenza展出的庭园用花盆是展会上的一个亮点，公司邀请塞巴斯蒂安·伯格纳、Paolo Deganello等8位国际设计师共同以绿色主题设计作品。设计师们以古老而原始的材料：赤土在设计与样式上进行了大胆创新。

日本设计师Shin与Tomoko Azumi虽然设计极简，但新意不减。他们设计了包括桌子、椅子在内的一系列可任意堆叠的家具。亚光镀铬钢管框架，弯曲的木椅面，造型与众不同，达到了优雅与功能的平衡。

展会上还有上海同济大学学生在设计师Aldo Cibic指导下为意大利精品PaolaC.所做的设计展品包括筷子、筷托、茶杯、鱼盘等，其形多取于自然，如菊花状托盘，并将瓷、木材等中国传统材料与树脂、铝等现代材料相结合。

摘自：http://www.idc.net.cn/magl/n4/colartl609.htm

库哈斯获“日本皇室世界文化奖”

7月2日，日本艺术协会宣布，荷兰建筑师雷姆·库哈斯、英国电影制片人肯·罗斯和布里奇特·瑞丽、意大利的克劳迪奥·阿巴杜和马里奥·梅兹获得了本年度的“日本皇室世界文化奖(Praemium Imperiale awards)”。

奖金额为13万欧元的皇室世界文化奖将在罗马音乐堂正式宣布，而颁奖仪式则将于10月23日在日本举办。这个奖有15年历史，资助人是日本明仁天皇。它分为五个类别：绘画、雕塑、音乐、建筑和戏剧/电影。

生于1944年的库哈斯是现代建筑的先锋人物，也是一名教师、理论家和作家。扎根鹿特丹的库哈斯目前正为在北京的中央电视台新总部而忙碌。

摘自：http://www.abbs.com.cn/jzsb/read.php?cate=5&recid=5970

沃尔马百货公司开展环保设计

最近有批评说沃尔马百货公司不注意环保，为了平息这些批评，沃尔马加拿大分公司聘请了Busby+Associates设计公司来设计它的温哥华商店。屋顶上种植了草坪。

假如温哥华市议会批准这项设计的话，这

将是沃尔马第一座环保型的商店。温哥华商店的建筑面积为12万平方英尺，原址是一个废弃的汽车商店。沃尔马在加拿大有200座分店，大多数像“巨大盒子”。除了改变“巨大盒子”似的商店样子，沃尔马试图在高效制热和照明系统上下功夫，商店的建材业将采用更绿色自然的物质。

不过，当地的居民反对沃尔马开设新店，称新店将导致交通堵塞，并破坏环境。

摘自：http://www.far2000.com/item/2003-07-15/2492.html

第7届亚洲建筑材料贸易展览会 (Baucon Asia 2003)(2003年11月19-21日)

地点：新加坡博览中心

内容：建筑材料、设备、预制产品、施工技术、建材机械设备展。

地址：MMI-Munich International Trade Fairs Pte Ltd

电话：+65-62360988

传真：+65-62361966

电子邮件：mmi-sg@mmiasia.com.sg

网址：www.bauconasia.com

亚洲照明与建筑设备展览会 (ISH Light+Building Asia)(2003年11月19-21日)

地点：新加坡博览中心

内容：建筑照明、电气工程、采暖、家具与建筑自动化、卫生设备、通风与空调设备展览。

地址：Messe Frankfurt Singapore

电话：+65-67371707

传真：+65-67329296

电子邮件：info@singapore.messefrankfurt.com

网址：www.lightbuilding.messefrankfurt.com

亚太地区建筑设备与施工技术国际展览会 (Build AsiaPac 2003)(2003年10月8-10日)

地点：新加坡博览中心

内容：建筑产品、建筑设备、施工设备、施工信息技术

电话：+65-62788666

传真：+65-62784077

电子邮件：info@cemssvs.com.sg

摘自：http://www.far2000.com/zixun/zhanlan/index.php?id=390&page=1

安娜·路易·萨莫尔(Anne-Louise Sommer)设计的理念

从18世纪末开始，西方重建那些拆掉的古建筑。高雅艺术文化与大众之间的距离缩小。视觉艺术、建筑艺术和实用艺术被看作是一个共同梦想的组成部分，是强有力的现代表现形式的理想化所在。20世纪初，建筑物、家具设计、装饰艺术和室内设计互相融合浑然一体。20世纪20～30年代占主导地位的德国包豪斯学校极大地影响了欧洲和北美的设计风格。建筑师兼校长沃尔特·格罗皮乌斯(Walter Gropius)认为：“我们的最终目标是各门艺术的集成，追求的是整体的效果。那么体现在独特建筑物上面的，纪念性与装饰性之间的界限将永远消失。在丹麦，上述流派的思想极大地激励着以阿纳·雅各布森(Arne Jacobsen)为首的建筑师们。

他们为建筑与室内设计的和谐统一奠定了基石，这一传统保持至今，成为丹麦建筑师与设计师最主要的标志。从1971年开始，迪星·韦特灵建筑公司继承和发展了雅各布森的建筑事业。在丹麦及北欧国家，现实主义方式、方法占了上风。在紧凑小型化的基础上，设计风格在协调和变化中向前发展，集中表现个性化和动态化，也表现了对材料的敏感性。许多设计通过空间、家具和室内设计之间的微妙联系达到强烈的效果。不同的设计风格会在空间上打破千篇一律，并创造不同的韵律。在许多室内设计中，设计者们用一种流行的、惯用的构思客厅里的曲线来代替房间中并列直线的精细对比。明白室内设计师并不是房屋建筑师。室内设计师是在建好的房间内进行设计的，对房间进行“处理”。在这方面北欧的传统是与北欧现实主义密切相连的，即人文主义与民主主义，实用主义相伴而生，而这又与建筑传统相关联。修复古老的建筑也对丹麦建筑师和室内设计师的设计工作施加了影响。在尊重现有建筑和以往设计质量的基础上，一批古建筑得到了恢复。许多建筑物在彻底改造时着眼于满足新用途和现代的需求。保持原有建筑特色和与现代设计风格相协调这一要求。

摘自：http://www.clubciti.com/arts/list/danmark/danmark.html

现代家具设计的材质

家具设计的造型所以能够给观赏者以美感，也是基于它的形态、色彩、材质三个方面的因素。任何家具的造型都是通过材料去创造形成的，就家具的形态、色彩、材质而言，其实是依附于材料和工艺技术的，并通过工艺技术去体现出来。

家具材料有两类：一为自然材料(如木、竹、藤等)，二为人工材料(如塑料、玻璃、金属等)。材料的不同，使得农具在加工技术上，带给人视觉和触觉上的感受不同。由于材料本身所具有的特性，通过人工处理令其表面质感更为张扬：使光滑的材料有流畅之美，粗糙的材料有古朴之貌，柔软的材料有肌肤之感……这些材质的处理还能使家具产生重轻感、软硬感、明暗感、冷暖感，因此我们可以说，家具材料的恰当运用，不仅能强化家具的艺术效果，而且也是体现家具品质的重要标志。

图1　闲暇野趣的境界，让手工味极浓的制作方式得以充分地展现：如竹篱笆的椅靠背，参差不齐的排列，榫头结构的外露等，无一不透出几分浓郁的乡野风情

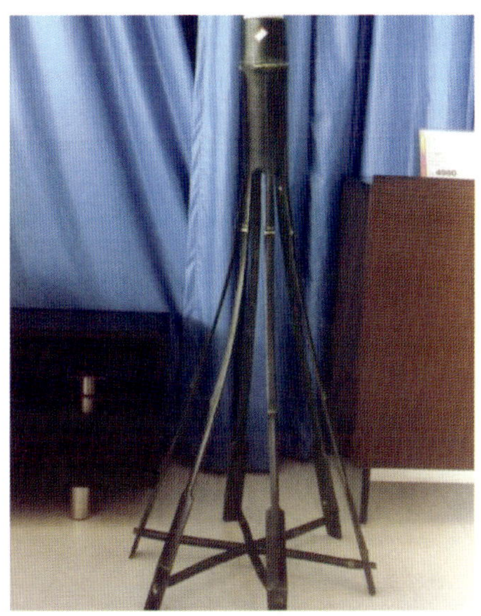

图2　粗如碗口的长竹筒，下部被削成六根支撑，底下用竹条固定六根支撑，结构合理，工艺简便，构思新颖

图3　平淡无奇的材料、朴实无华的工艺，却透射出一种恒久的艺术魅力

图4 传统的竹制家具在现代家居文化中一样可以演绎出另一种有别于传统的现代元素

图5 古老的东方元素在现代家居环境中延续着它们昨日的辉煌

图6 材质肌理的突显，令自然材料增添了视觉上的冲击力

图7 "我从山中来，带着泥土香"

图8 貌似压扁了皮球，视觉上的软与触觉上的硬，细麻绳一圈一圈的紧紧环绕，使材料的质感得到艺术化的张扬

图9 与人体亲密接触的是柔软温和的棉布、麻、藤，使用者与家具自然形成一种亲和力

图10 各种异质材料的组合，不但没有妨碍各自的特性展现，反而相得益彰，各显风采

图11 自然材料的恰当运用，自然不会让人有回避的心理，反而会令人产生与之融为一体的冲动

欧盟确定涂料中VOC含量的削减目标

一份关于在欧洲限制涂料中VOC含量的欧盟建议书最近出笼，这份将引起强烈反响的建议书是由欧洲油漆油墨艺术颜料工业委员会(CEPE)推荐的。这份建议书将对建筑装饰漆、涂料及汽车表面处理产品中VOC限量进行重新调整。建议书制定的目标是将建筑装饰漆和清漆的VOC挥发物削减大约50%，计划分别在2007年和2010年生效。建议书提出的目标包括：将VOC的含量限制在50g/L(水性底漆)至75g/L(特殊的溶剂底漆)的范围内。

摘自：中国建材商务网

科技推动木地板升级换代

日前，一个盛行于欧洲的新品种——"OUICK—STEP"立体斜槽三维新型地板已悄然进入重庆市，并很快以更能体现高贵典雅风采的表面效果成为高收入阶层的首选。被誉为"盲点中求突破"的得高"OUICK—STEP"立体斜槽三维地板，长度加长到1.376m，宽度为15.6cm，其长边立体斜槽三维处理，既营造出实木地板的感觉，又使地板铺装后显得更长，从视觉上增加了房间宽敞的感觉。精选的名贵实木花纹配合缎光面处理和纯真木纹表面处理技术，使地板更具生命气息，其豪华气派典雅舒适的感觉非一般实木地板可比拟。为满足国内高端客户的需求，得高公司中国总代理表示将让消费者与欧洲同步享用到全球最新的地板产品。

摘自：http://72home.com/newscenter/news detail.php3?id=17050

优秀工业设计+年奖

家具设计

1)金奖(Gold Winners)

Herman Miller' s Aeron Chair

Designers：

Stumpf, Weber+Associates and Chadwick and Associates

Client：

Herman Miller Inc.

Contact:

Sheila Warfield,Herman Miller Inc.,616.654.7015

www.hermanmiller.com

2)银奖(Silver Winners)

Ability Furniture System

Designers:

Teknion Furniture Systems

Client:

Teknion Furniture Systems

Contact:

Michela CESARI,Teknion Furniture System,416.661.1577,ext.2172

www.teknion.com

3)铜奖(Bronze Winners)

Vecta Kart Chair

Designers:

5D Studio,Vecta and IDEO

Client:

Vecta

Contact:

David Ritch,5D Studio,310.317.0705

摘自:http://www.ergocn.com/decadegalldry4.htm

书 刊 导 读

世界园林，建筑与景观丛书——《世界城市景观》

建筑技术类　薛健编著

国际16开　400千字　200页　精装　108元

2003年3月出版(11145)

ISBN7-112-05527-X/TU·4856

内容简介:

此画册以图文并茂形式介绍世界一些著名城市如罗马、佛罗伦萨、阿姆斯特丹等城市的人文与自然景观；巴黎、日内瓦等城市与道路景观；新加坡、马来西亚等国城市园林与道路景观及德国、瑞士的乡村住宅景观。

《建筑形式的逻辑概念》

建筑科学类　[德]托马斯·史密特　肖毅强译

20开　120千字　90页　平膜　25元

2003年1月出版(11285)

ISBN 7-112-05646-2/TU·4970

内容简介:

这是一本现代建筑的“入门手册”，目的是使学生能尽快地理解现代建筑，教学生在一个“高的层面”去认识建筑，一步一步地去掌握建筑设计。帮助学生将哲学、艺术和技术结合在一起，从中领悟建筑。

《在城市上建造城市——法国历史遗产保护实践》

建筑科学类　周俭、张恺　编著

大12开　500千字　250页　平膜　180元

2003年2月出版(11286)

ISBN7-112-05647-O/TU·4971

内容简介:

本书以丰富的案例为基础，全面系统地介绍了法国近50年来关于城市历史文化遗产保护的体系、观念和方法，包括法国历史文化遗产保护的体系、历史建筑的保护与利用、保护区的保护与更新、一般地区的发展与延续以及城市整体发展五个方面。本书突出历史文化遗产对城市发展的作用以及相应的保护措施的分析，对选取的案例作了全面的分析介绍，客观、完整地反映了法国在历史文化遗产保护与城市发展方面的实践及其效果。

《大跨建筑结构构思与结构选型》

建筑科学类　梅季魁、刘德明、姚亚雄编著

12开　600千字　250页　平膜　100元

2003年2月出版(1159)

ISBN7-112-05620-9/TU·4947

内容简介:

本书是一本跨越建筑与结构两大专业的边缘性著作，从建筑体系角度阐释结构概念，并提出操作性强的结构构思方法和结构选型手法。本书以大空间公共建筑为主，以大量国内外优秀作品为对象进行分析讨论，以影响建筑构思最大的屋盖结构为重点，坚持理论联系实际，强调科学性和系统性。

《世界园林发展概论——走向自然的世界园林史图说》

建筑科学类　张祖刚编著

国际16开　320千字　247页　平膜　120元

2003年3月出版(11275)

ISBN7-112-05636-5/S·53

内容简介:

本书简要阐述公元前3000年至公元2000年世界园林发展的历史，将其分为六个阶段，包括古代时期、中古时期、欧洲文艺复兴时期、欧洲勒·诺特时期、自然风景式时期、现代公园时期，选用100个实例，说明各个阶段的特点及其前后的联系和未来发展趋势。本书可作高等院校城市、建筑、园林和其他专业的教学参考书，也可供社会各界人士阅读。

《演艺建筑——音质设计集成》

建筑科学类　项瑞祈编

国际16开　720千字　400页　精装　208元

2003年4月出版(11289)

ISBN 7-112-95650-O/TU·4972

内容简介:

本书简要阐述工程设计从方案招、投标开始至竣工验收全过程中所应掌握的声学设计原理，达到良好音质效果的具体措施和合理的工作程序以及各专业协同工作的操作方式。书中分别介绍音乐厅、歌剧院、话剧院、地方戏剧院、多功能剧院、露天剧场、琴房、排练厅、歌舞厅、录音和还音室的音质设计原理和180个工程设计实例作为参照对象，达到了解现状、开拓思路和明确发展方向的目的。

《室内设计史》

建筑科学类　[美]约翰·派尔编著　刘先觉等译

T16开　1000千字　400页　精装　168元

2003年4月出版(11267)

ISBN 7-112-05628-4/TU·4955

内容简介:

本书是近十余年来第一部全面阐述室内设计史的专著。本书叙述了6000多年来有关公共空间和个人空间的内部史话。从帕提农神庙到蓬皮杜中心的一些著名建筑都进行了探讨，同时也涉及了地方乡土建筑，如民居、农舍、公寓、联排住宅等。本书的资料丰富，可读性强，是了解、研究室内设计发展和思想的不可多得的参考图书，对建筑师、室内设计师具有极好的参考借鉴作用。

《社区规划趋势与发展变革》Trends and Innovations in Master-Planned Communities

平装　156页　$59.95　黑白插图　1998年出版

内容简介:

在本书中探索了对于主要规划社区的未来起到重要影响的人口统计与人口发展趋势。讲述了在技术、金融以及市场等方面发挥作用社区所必须面对的问题。来自一流的该领域专家提供了他们关于消费者正在发生变化的消费观念的最新评论。当今技术的影响，以及这一影响所带来的人们对于社区建设的环境、安全性能等日益激增的要求，在本书中您将会发现更适合于现代人消费水平，消费观念的社区建设。

(袁静　赵世华　邵云　供稿)

《工业设计》年刊

《工业设计》年刊，一本集专业、权威、资源、理念为一体的综合性期刊。它的诞生，为工业设计界开创了一个书刊的平台；为工业设计界内人士开辟了一片畅所欲言的天地；为中国设计师孕育了一个成长的摇篮；也为历史与现代、中国与世界、设计与生活以及工业设计相关诸多元素编织了一条联系的纽带。当然也为您，提供了一个——企业、产品、技术等宣传的绝好机会！

《工业设计》年刊图文并茂，以杂志与书结合的形式出现，既有杂志的信息涵盖面，又有书的深度性。年刊全年分1、2两期，6月、12月出版，国际16开，正文160面，全彩色印刷，每期定价58元，通过各大新华书店全国发行，也可向中国建筑书店直接订购。

现特向工业设计界内人士及相关专业界内人士诚征有关内容及合作伙伴。本年刊开设栏目如下：

特稿

——每期主题报道(特约)

主张

——工业设计所涉及的人机工程学、设计方法、设计理念、设计结构原理、工程技术；设计管理、市场营销、消费心理

访谈、对话

——走访企业、工作室；
设计管理人员、国内外设计师及其成功案例；
国内外工业设计的教育教学；
师生作品、文章、课题研究及随记随想

全搜索

——国际设计流行趋势；
国内外最新的优秀作品、获奖作品；设计竞赛报道；经典论坛报道；
最新产品报道

尝试

——工业设计的未来；
新材料、新技术的分析；
概念性设计、绿色设计、生态设计的分析

传承

——汽车设计史、家具设计史、著名设计史传及相关设计史

动态

——新书讯、新赛讯、新资讯

往来

——读者往来、反馈信息

年刊来稿，要求必须未曾刊登在国内同类刊物上；要求图文对应，充分说明，图片或图纸清晰。稿件一经采用，按一面100元人民币的标准，付作者稿费，并赠送当期年刊。

刊名、栏目框架暂为初定，最后会做调整、删减或补充。来稿也可以参与年刊刊名、栏目形式的设计，并提供参考意见，可免费获赠下期年刊。如有任何疑问，敬请来函来电查询。

由于我们刚刚起步，难免会有不足，我们有毅力和信心办好《工业设计》年刊，致力于中国工业设计的发展。当然，我们也希望和呼吁所有热爱这一专业和每一位对此专业有兴趣及更大范围的人士来一同参与建设，为我们的《工业设计》年刊献计献策，添砖加瓦，大家给予的意见和建议将是我们最大的一笔财富！

《工业设计》年刊将会同所有工业设计界内人士，携手共进，为中国工业设计的振兴而共同努力！

感谢大家的大力支持！

投稿地址：北京百万庄　中国建筑工业出版社412室
邮政编码：100037
投稿邮箱：1xt@china-abp.com.cn
联系邮箱：1xt-happy@vip.sina.com
联 系 人：李晓陶　李东禧
电　　话：(010)68393652　(010)68394822
手　　机：13910614511　13701339030
传　　真：(010)68334844

编 后 语

人们对于建筑与室内、建筑与家具、室内与家具的认识是逐步发展的。曾经在相当长的一段时间里，我国室内设计与家具设计的发展与欧美发达国家相比有着很大的差距。但是随着改革开放步伐的加大，国内室内与家具行业如雨后春笋般发展成长，显露勃勃生机。与此同时，各高等院校纷纷投入师资，开办相关专业课程……但是，面对着如此巨大的专业读者群，国内关于"室内与家具"的权威性专业期刊却是如此寥寥！大多数读者只能对数量有限、价格昂贵的进口相关图书"望书兴叹"。

《触摸设计》年刊是我们在新的一年里为您特别奉献的一份礼物，以专业性见长，更多国内外优秀设计案例、概念设计，新设计理念，同大师相约对话。年刊每年两期，国际16开，全彩色印刷，通过全国新华书店发行。

现向建筑、室内、家具业内人士诚征相关作品和信息。栏目设置与各栏目征稿要求如下：

设计日 每期创意主题，提出相关设计观点，展开讨论。

案例 优秀设计案例分析。包括：文字说明，平立面，创意草图、效果图、案例照片。

名家对话 介绍国内外优秀设计事务所，优秀设计（附图片）；室内设计师、建筑师、工业设计师优秀作品评析（附图片）。

设计动态 介绍相关设计展、设计论坛、以及最前沿的设计方向，并展开讨论。

材料与技术（构造） 国外的许多设计师用精力的一半去考虑材料、结构、功能。而目前我们的教育以及设计师却往往忽略或不够重视这些方面。该栏目旨在介绍设计中细节处理，以及在材料与结构处理上的精巧，并激励大家积极地思考和面对该问题。

设计师之路 介绍设计名家的成长历程。

新人推荐 这里是年轻设计师展示自己的舞台。

资讯 新书推介

世界相关设计动态

欢迎建筑、室内、家具界有识之士及相关企业与我们洽谈合作！

联 系 人：何楠

联系地址：北京百万庄 中国建筑工业出版社514室

E-mail： hen@china-abp.com.cn

联系电话：(010) 68393813　　(010) 68319299

传　　真：(010) 68319299

图书在版编目(CIP)数据

触摸设计/《触摸设计》编委会编.—北京：中国建筑工业出版社，2004
ISBN 7-112-06112-1

Ⅰ.触... Ⅱ.触... Ⅲ.①室内设计-研究②家具-设计-研究 Ⅳ.①TU238 ②TS664.01

中国版本图书馆CIP数据核字（2003）第100940号

触 摸 设 计

《触摸设计》编委会 编
*
中国建筑工业出版社 出版、发行（北京西郊百万庄）
新 华 书 店 经 销
北京嘉泰利德公司制版
北京佳信达艺术印刷有限公司印刷
*
开本：889×1194毫米 1/16 印张：7
2004年2月第一版 2004年2月第一次印刷
印数：1-3,500册 定价：48.00元
ISBN 7-112-06112-1
TU·5377（12125）

（邮政编码 100037）
本社网址：http://www.china-abp.com.cn
网上书店：http://www.china-building.com.cn